空间规划的合约分析丛书

丛书主编　李贵才　刘世定

基于合约视角的
控制性详细规划调整研究

RESEARCH
ON CONTROL DETAILED
PLANNING ADJUSTMENT BASED
ON CONTRACT PERSPECTIVE

张践祚　著

社会科学文献出版社
SOCIAL SCIENCES ACADEMIC PRESS (CHINA)

"空间规划的合约分析丛书"总序

　　摆在读者面前的这套丛书，是北京大学深圳研究生院的一个跨学科研究团队多年持续探索的成果。

　　2004 年 9 月，我们——本丛书的两个主编——在北京大学深圳研究生院相识。一个是从事人文地理学和城市（乡）规划教学、研究并承担一些规划实务工作的教师（李贵才），另一个是从事经济社会学教学和研究的教师（刘世定）。我们分属不同的院系，没有院系工作安排上的交集。不过，在北京大学深圳研究生院，教师之间和师生之间自由的交流氛围、比较密集的互动，包括在咖啡厅、餐厅的非正式互动，却屡屡催生一些跨越学科的有趣想法以及合作意向。

　　使我们产生学术上深度交流的初始原因之一，是我们都非常重视实地调查。在对有诸多居民工作、生活的城市和乡村社会进行实地调查的过程中，作为空间规划研究者和社会学研究者，我们发现相互之间有许多可以交流的内容。我们了解到居民对生活环境（包括景观）的理解，观察到空间格局对他们行为和互动方式的影响，观察到空间格局变化中政府、企业力量的介入和政府、企业与居民间的互动，观察到这些互动中的摩擦和协调，等等。在交流这些了解到/观察到的现象的同时，我们也交流如何分析这些现象、从各自学科的视角看待这些现象的意义。

来自这两个学科的研究者间的交流产生了某种——有时是潜在的、默识中的——冲击力。注重实然分析和理论建构的社会学研究者常常习惯性地追问：空间规划研究领域拥有何种有社会意涵的分析性理论工具？对于注重形成可操作性方案的空间规划研究者来说，他们会习惯性地追问社会学研究者：你们对社会摩擦、冲突的描述和分析，能为建设一个更美好的社会提供怎样的潜在可行提示？

这种冲击力引起了双方各自的反思。参与交流的空间规划研究者意识到，迄今为止，空间规划学界中所谓的空间规划理论，虽然有一些具有实然性理论的特点，但更多的则是对应然性思想的论述。而借鉴其他学科的分析性理论、联系空间规划的实践，是可以也有必要推进空间规划的分析性基础理论发展的。参与交流的社会学研究者则意识到，要建构对社会建设更具提示性的理论，需要在社会互动和社会制度的关系方面进行多类型的、前提条件更明确的深入探讨。在中国当前的城市化及空间格局变化中，空间规划的实践提供了这方面研究的重要场域。

经过多年的交流、反思、探讨，我们二人逐渐明确、着手合作并引起一些研究生兴趣的研究主题之一是，从合约视角对空间规划特别是城市规划进行探讨。其间，李贵才约刘世定到北京大学深圳研究生院城市规划与设计学院讲授合约概念、合约理论的源流和现代合约分析的特点，和学生一起讨论如何将合约分析与空间规划结合起来。

虽然到目前为止，合约理论及合约分析方法主要是在空间规划之外的社会科学中发展的，但是从合约角度看待规划的思想，对空间规划学者来说，既不难理解，也不陌生。例如，芒福德在《城市发展史》中曾形象地描述："在城市合唱队中，规划师虽然可以高声独唱，但总不能取代全队其他合唱队员的角色，他们按照一个和谐的总乐谱，各自唱出自己的部分。"[①] 在这个比喻中就蕴含着规划的合约思想。

空间规划作为对空间建设行动的规制，属于制度范畴。当规划被确定为法规时，其制度特性更得到明显的体现。例如，1989年12月26日，第七届全国人民代表大会常务委员会第十一次会议通过的《中华人民共和国城市规划法》第十条规定"任何单位和个人都有遵守城市规划的义务，并有权对违反城市规划的行为进行检举和控告"；第二十九条规定"城市规划区内的土地利用和各项建设必须符合城市规划，服从规划管理"；第三十条规定"城市规划区内的建设工程的选址和布局必须符合城市规划"；等等。在这里，城市规划的制度特性得到鲜明的体现。

对制度有不同的研究方法，合约分析方法是其中的一种。从合约角度看，制度是人们相互认可的互动规则。合约分析方法正是抓住行动者之间相互认可、同意这一特点进行互动和制度研究的。

从合约角度可以对空间规划概念做这样的界定：空间规划是规制人们进行空间设施（包括商场、住宅、工厂、道路、上下水道、管线、绿地、公园等）建设、改造的社会合约。这意味着在我们的研究视角中，空间规划既具有空间物质性，也具有社会性。

---

① 刘易斯·芒福德：《城市发展史》，宋俊岭、倪文彦译，中国建筑工业出版社，2005，第369页。

在我们看来，合约理论可以发展为空间规划的一个基础理论，合约可以发展出空间规划分析的一个工具箱。利用这个工具箱中的一些具体分析工具，如合约的完整性和不完整性、合约的完全性和不完全性、多阶段均衡、规划方式与社会互动特征的差别性匹配等，不仅可以对空间规划的性质和形态进行分析，而且可以针对空间规划的社会性优化给出建设性提示。

从本丛书各部著作的研究中，读者可以看到对合约理论工具箱内的多种具体分析工具的运用。在这里，我们想提请注意的是合约的不完整性和不完全性概念。所谓完整合约，是指缔约各方对他们之间的互动方式形成了一致认可的状态；而不完整合约则意味着人们尚未对规则达成一致认可，互动中的摩擦和冲突尚未得到暂时的解决。所谓完全合约，是指缔约各方对于未来可能产生的复杂条件能够形成周延认知，并规定了各种条件下的行为准则的合约；而不完全合约是指未来的不确定性、缔约各方掌握的信息的有限性，导致合约中尚不能对未来可能出现的一些问题做出事先的规则界定。合约的不完全性，在交易成本经济学中已经有相当多的研究，而合约的不完整性，则是我们在规划考察中形成的概念，并在前几年的一篇合作论文中得到初步的表述。[①]

在中国的空间规划实践中，根据国家关于城乡建设的相关法律规定，法定城市（乡）规划包括城市（乡）总体规划和详细规划，其中对国有土地使用权出让、建设用地功能、开发强度最有约束力的是详细规划中的控制性规划（深圳称为"法定图则"），因而政府、企业及其他利益相关者对控制性规划的编制、实施、监督的博

---

① 刘世定、李贵才：《城市规划中的合约分析方法》，《北京工业大学学报》（社会科学版）2019 年第 2 期。

弈最为关注。在控制性规划实施过程中的调整及摩擦特别能体现出城市（乡）规划作为一类合约所具有的不完整性和不完全性。

在此有必要指出，空间规划的合约分析方法不同于在社会哲学中有着深远影响的合约主义。社会哲学中的合约主义是一种制度建构主张，持这种主张的人认为，按合约主义原则建构的制度是理想的，否则便是不好的。我们注意到，有一些空间规划工作者和研究者是秉持合约主义原则的。我们在这里要强调的是，合约主义是一种价值评判标准，它不是分析现实并有待检验的科学理论，也不是从事科学分析的方法。而我们试图发展的是运用合约分析方法的空间规划科学。当然，如果合约主义者从我们的分析中得到某种提示，并推动空间规划的社会性优化，我们会审慎地关注。

2019 年，《中共中央 国务院关于建立国土空间规划体系并监督实施的若干意见》（中发〔2019〕18 号）把在我国长期施行的城乡规划和土地利用规划统一为国土空间规划，建立了国土空间规划的"五级三类"体系："五级"是从纵向看，对应我国的行政管理体系，分五个层级，就是国家级、省级、市级、县级、乡镇级；"三类"是指规划的类型，分为总体规划、详细规划、相关的专项规划。本丛书在定名（"空间规划的合约分析丛书"）时，除了延续学术上对空间规划概念的传统外，也注意到规划实践中对这一用语的使用。

"空间规划的合约分析丛书"的出版，可以说是上述探讨过程中的一个节点。收入丛书中的 8 部著作，除了我们二人合著的理论导论性的著作外，其余 7 部都是青年学子将社会学、地理学及城市（乡）规划相结合的学术尝试成果。应该承认，这里的探讨从理论建构到经验分析都存在诸多不足。各部著作虽然都指向空间规划的合约分析，但不仅研究侧重点不同、具体分析工具不尽相同，甚至对一些关键概念的把握也可能存在差异。这正是探索性研究的特征。

要针对空间规划开展合约研究，一套丛书只是"沧海一粟"。空间规划层面仍有大量的现象、内容与问题亟待探讨。在我国城镇化进程中，制定和实施高质量空间规划是一项重要工作，推出这套丛书，是希望能起到"抛砖引玉"的作用。

就学科属性而言，这套丛书是社会学的还是空间规划学的，读者可以自行判断。就我们二人而言，我们希望它受到被学科分类规制定位从而分属不同学科的研究者的关注。

同时，我们也希望本丛书能受到关心法治建设者的关注。在我们的研究中，合约的概念是在比法律合约更宽泛的社会意义上使用的。也就是说，合约不仅是法律合约，而且包括当事人依据惯例、习俗等社会规范达成的承诺。不论是法律意义上的合约，还是社会意义上的合约，都有一个共同点，即行动者之间对他们的互动方式的相互认可、同意。空间规划的合约分析方法正是抓住行动者之间相互认可、同意这一特点，来对空间规划的制定、实施等过程进行分析。这种分析，对于把空间规划纳入法治轨道、理解作为法治基础的合约精神，将有一定的帮助。

这套丛书是北京大学未来城市实验室（深圳）、北京大学中国社会与发展研究中心（教育部人文社会科学重点研究基地）和北京大学深圳研究生院超大城市空间治理政策模拟社会实验中心（深圳市人文社会科学重点研究基地）合作完成的成果。在此，对除我们之外的各位作者富有才华的研究表示敬意，对协助我们完成丛书编纂组织和联络工作的同事表示谢意，也对社会科学文献出版社的编辑同人表示感谢。

李贵才　刘世定

序

随着控制性详细规划（以下简称"控规"）编制工作逐步完成，国内各城市进入了控规管理的"全面覆盖"阶段——控规的局部调整日益成为规划主管部门的常规工作。控规调整的日趋频繁与其法定规划地位的内在张力，迫切要求学界挖掘控规调整问题的内在逻辑，明晰控规管理的改革路径。然而，当时学界采取的工程技术思路和公共政策思路对控规本质内涵的挖掘尚有不足，很难依循这两个思路洞悉控规调整的深层规律。鉴于此，本书提出了"第三个思路"：借鉴合约理论与合约分析方法，基于中观尺度的合约视角，提炼控规的属性维度，并构建控规调整的合约分析框架。依循该框架，本书对深圳市法定图则调整进行了案例研究，概括了各类调整的主要特征，并基于对典型个案的深度讨论，分析了影响调整结果的关键因素。本书的主要结论如下。

（1）可将控规视为规划主管部门与土地使用主体就土地利用达成的协议。如果某主体的开发建设诉求不符合规划要求，就需要提出控规调整申请。当申请获批后，该主体才能按照新的规划要求开发建设，否则将不能获得完整的合法权利。当把控规视为一个合约分析单位时，可以提炼出以下四个合约属性：利益诉求属性多元化合约、不完全且不完整合约、嵌入性合约、外部性合约。

（2）法定图则未预期型调整的利益诉求方多为原农村股份公司，旨在解决土地问题。市场主体发展诉求型调整的申请主体多为民营企业和外资企业，旨在通过规划调整为自身发展提供助力。公共部门发展诉求型调整可分为经济发展类和社会建设类，前者的利益诉求属性多为个体利益+公共收益，后者则多为纯公共收益。大多数调整服从上位规划，且外部性影响较小，但有些调整与上位规划存在张力或外部性较大。

（3）法定图则调整中的影响因素主要包括以下六个：利益诉求主体与谈判地位、调整的动力来源与动力传导机制、嵌入性之有无张力与调整的交易成本、嵌入性之契合程度与谈判地位、外部性影响对象与协调难度、双边协商与多边协商的交易成本差异。

（4）基于理论探讨和案例分析，结合我国经济社会快速发展地区控规管理的共性问题，从提升编制水平、完善调整审批机制、制定差异化的调整审批标准三个角度提出了"全面覆盖"背景下控规管理的政策建议。

目 录

第 1 章

研究基础

1.1 选题背景与研究问题

1.1.1 选题背景

1.1.1.1 现实背景：控规管理进入全面覆盖阶段

20 世纪 90 年代初，为适应我国城市土地使用管理制度改革和城市开发建设方式的新要求，在广泛借鉴发达市场经济国家经验，总结上海虹桥地区规划、广州街区规划、温州旧城改造规划等实践的基础上，建设部在 1991 年通过的《城市规划编制办法》中，确立了控制性详细规划（以下简称"控规"）这一具有中国特色的城市规划管理工具（袁奇峰、扈媛，2010）。控规的引入为我国城市政府控制和引导城区土地开发提供了最直接的管理抓手，为推进城市开发建设管理的规范化提供了重要支撑（唐历敏，2006）。2008 年开始实施的《城乡规划法》进一步强化了控规的作用，使其不仅要确定城市建设用地的土地性质和开发强度，还成为土地部门办理土地出让手续的依据（赵民、乐芸，2009）。由此以降，控规地位越发提升，日渐成为我国城乡规划管理体系中的核心环节。

在 2008 年《城乡规划法》实施的背景下，国内许多城市全面推开控规编制工作，部分大城市还提出了控规"全覆盖"的目标（黄明华等，2009）。随着编制工作的逐步完成，控规进入了日常管理的"全面覆盖"阶段——由于我国城市处于经济社会高速发展、快速转型时期，控规的局部调整日渐成为规划管理中的常规工作，发生频率呈明显提高趋势。

以深圳市为例，经历了 2009～2011 年法定图则（深圳市参考香港确定的法定图则制度，是控规层面的规划管理手段，因此可将法定图则视为深圳市现行的"控规"）编制"大会战"后，市域内的建设用地已基本实现法定图则的全覆盖。在此之后，法定图则局部调整数量逐年攀升。事实上，这并非深圳市所独有的现象。有学者指出，我国城市规划实施中有一半左右的建设项目更改了控规，部分城市发生变更的控规达到 80%（刘伟等，2013）。可见，对于没有明确规划期限的控规而言，希望通过技术理性实现一蹴而就的科学管理并不现实，控规适时调整和动态维护的必要性和重要性日趋凸显。

控规频繁调整的现实，促使本书重新审视控规及其调整问题，旨在深入分析控规调整的分类、原因及其蕴含的利益协调问题。洞悉控规的内涵维度，挖掘控规调整的内在逻辑，也有助于为控规编制、实施和管理工作的优化改进指明方向。

1.1.1.2 研究背景：现有控规研究的贡献与局限

伴随控规实践的不断推进，控规领域的学术研究也取得了丰硕成果。从研究主题看，可归纳为基础类研究、编制类研究、运行类研究和国际经验类研究。其中，基础类研究着重对"控规是什么，发挥什么作用，如何更好地发挥作用"进行思考，属于"认知"层面的探讨；编制类研究侧重讨论"控规怎么编"的问题，属于"编制"层面的分析；运行类研究则涵盖审批、实施、调整、实施效果评价等内容，侧重回答"控规如何实施、调整及其效果如何"的问题，属于"管理"层面的讨论；国际经验类研究则通过引入先进国家、地区在控制性规划层面的理论和实践经验，为我国控规的定位、编制和管理提供启发，属于"学习借鉴"层面的研究。

第一，基础类研究。学界对控规的认识是由浅入深的。早期研究（鲍世行，1989；叶绪镁，1990；宋军，1991；童纯跃，1991）侧重从控规的产生背景、基本类型、规划内容、现存问题和认识体会等方面进行引介和思考，旨在说明控规的意义和作用，介绍控规的管理内容。此后学者们对控规基本属性的讨论明显深化，有些学者从法理的角度，指出控规应当从立法的本质、法制化的内在要求及其立法特点出发，着力推动管理规则硬化和控制性内容软化（周剑云、戚冬瑾，2011；何明俊，2013）；也有学者从公共政策出发，指出控规作为管理技术和公共政策的统一体，需要兼顾对城市整体和具体地块的调控要求，辩证地看待"刚性"与"弹性"的关系，开展实质性的公众参与，实现对城市整体利益和公共利益的持续性维护（林观众，2007；汪坚强、郑善文，2015；王晓东，2011；邵润青、段进，2010）；还有学者从新制度经济学的产权分析出发，指出控规的核心属性是对土地发展权的规定，因此控规应当从"终极蓝图式"的规划转型为强调动态实施的"过程规划"，建立基于多方利益平衡的控规运作制度，协调利益矛盾，在保障主体合法利益的同时增进公共福利（田莉，

2007；汪坚强，2014；郑晓伟，2014）。

第二，编制类研究。从方法看，可把现有研究分为政策性、技术性和利益分配性三类。首先，从政策性角度，学者们探讨了《城乡规划法》的实施给控规编制带来的影响（黄宁、熊花，2009；杨斌等，2010；陈思鸿，2009），提出采取"分区规划—控规导则—控规"的三段式编制框架和"法定文件、指导文件、基础图件"三合一的成果编制形式等建议，并指出控规编制模式发生的变化（栾峰，2008；徐会夫等，2011）和"三规合一"政策对控规编制的影响（吴晓，2014）。还有学者基于2012年实施的《城市用地分类与规划建设用地标准》给控规编制带来的影响，建议结合片区发展需要，充分考虑市场对用地的影响，给予用地分类适度弹性以增强引导性和适用性（赵旸、张馨予，2013）。其次，从技术性角度，有学者提出控规编制的"适用性（分层）+公平性（通则）+核心性（内容）+科学性（方法）"整体框架（韦东、程蓉，2009），也有学者探讨了"建筑方案验证"引入控规编制的作用及其工作思路（罗镶，2014），还有学者分析了三维城市模型（储征伟、陈昕，2008）、综合分析平台（周晟等，2008；邵昀泓等，2011）等技术手段对于提升控规编制质量和效率的作用。最后，从利益分配性角度，有学者提出控规编制前须厘清各利益主体之间的关系，找准博弈关键点，以增强控规的可实施性（李建东等，2013）。也有学者指出，需依据不同需求、具体问题和复杂多元化利益诉求，形成有针对性、时效性及创新性的控规成果来指导城市建设（宋金全等，2013）。还有学者认为，在控规编制时应建立动态监控反馈平台，促进公平和效率的良性互动，发挥控规优化配置空间资源的作用（陈秋晓、吴霜，2013）。

第三，运行类研究。我国城市规划领域有句老话是"三分规划，七分管理"，这凸显了规划管理的重要性。学界对"管理"层面的探讨主要包括三方面。一是控规动态管理方面，有学者讨论了面向实施的控规动态更新及全过程管理问题，探索分类、分区、分时、分级下的控规编制及管理方法，并建立实施进程跟踪和反馈机制，进一步强化控规的"可控性"（熊健，2011；余颖，2010；陈肖磊，2015）。也有学者引入"管理单元"概念，探索符合控规管理诉求的动态更新体系。还有学者探讨了技术支撑的作用，指出通过控规信息平台（赵毅，2014；伍攀峰，2011）、控规成果数据库（陈定荣、肖蓉，2006；陈真、王兆江，2008；阚俊杰，2014）和"一张图"（周宏文，2010；黄永进等，2011；杨勇，2013）等相关技术手段，做好房屋、土地、地形等城市建设数据的收集统筹工作，借助 GIS 等信息技术手段建立规划管理的数据查询系统，为控规动态管理提供技术保障和决策参考。二是控制指标管理方面，学者们分别对建筑控制高度（恽爽，2006）、建筑环境宜居度（对绿地率、空地率和容积率进行关联性研究）和土地开发强度（以容积率为代表）等指标管理进行了研究（梁伟，2006），从宏观预测和微观管控方面提出了对策建议（韩政，2009；黄明华、黄汝钦，2010；刘骏、蒲蔚然，2012）。也有学者针对指标体系提出了新的管理思路（Mosadeghi et al.，2009；于一丁、胡跃平，2006）、管控测算模型（庞磊、宋小东，2013）和优化建议（陈凤平，2011；孙峰、郑振兴，2013）。三是控规的调整与修改方面，学者也进行了大量研究，具体内容将在第 2 章详细讨论。

第四，国际经验类研究。已有研究广泛探讨了美国、英国、德国、日本、新加坡等国家控制性规划管理的先进经验。有学者对英国的控制性规划所处位置（唐子来，1999）、规划实践中的地方政府角色（Worthington and Dollery，2000a）、动态规划、城市规划活动的公众参与（韦飚、戴哲敏，2015）、规划许可制度（肖莹光、赵民，2006）等进行了研究。也有学者对德国建造规划的历史渊源和发展形成（殷成志、杨东峰，2007）及其立法基础、主要内容、编制程序、实施操作（殷成志，2004）和技术框架（殷成志、弗朗兹·佩世，2005）进行了介绍。还有学者探讨了亚洲高密度国家及城市的规划管理经验，如日本控制性规划的用地分类（周轶男、华晨，2010）、公众参与（王郁，2006）和中央向地方释放规划管理权（谭纵波，2008），新加坡开发指导规划中的"白地"经验（黄经南等，2014）及其规划体系改革对中国的启示（陈晓东，2011）。值得注意的是，以美国区划法为研究对象的成果最多，20世纪80~90年代开始有学者将美国区划法的发展历程及其在规划体系中的功能定位等引入中国（彭飞飞，1987；张宏伟，1990；阳建强，1992，1993；黄艳，1998）。此后学界的讨论逐步扩展，如对区划法的编制（韦亚平等，2010）、修改（张宏伟，2010）、演变历程（章征涛、宋彦，2014；胡垚，2014）、发展方向（侯丽，2005）及其在城市设计（吴一飞等，2005）、城市可持续发展（干靓，2015）等方面的应用进行了研究，发掘了经济分析在美国区划法编制中的运用（赵守谅、陈婷婷，2006）。还有学者以纽约（王珺，2009；孙骅声、蔡建辉，1998）、芝加哥（杨军，2012；程明华，2009）和其他城市（杨军，2006）的区划法实践为案例，提炼了可供中国控规管理借鉴的经验。此外，还有学者基于美国区划法实施中存在的不足，指出了我国控规管理应当注意的问题（田莉，2004）。

由上可知，现有研究为我们认识、了解控规的基本内涵和特征，把握控规编制涉及的各类影响因素，领会如何开展更有效的控规管理实践，发掘国际先进经验对我国控规管理的启示，奠定了坚实的知识基础。但从理论思路看，根据现有研究可归纳出两个理论思路：一个属于工程技术思路；另一个则属于公共政策思路。这两个理论思路具有鲜明的差异（见表1.1）。

表 1.1　现有控规研究两个理论思路的比较

	工程技术思路	公共政策思路
基本假设	理性人、效果最优化	有限理性、效果优化
关注焦点	物质形态管控与空间布局"设计"	政策设定与利益的协调制度"设计"
理论基础	工程性的规划技术标准	兼顾公平与效率的政府行为逻辑
价值导向	科学化、规范化、系统化	尊重需求、多元利益协调
主体关系	政府全权负责	政府主导+公众参与

如表1.1所示，工程技术思路的基本假设是理性人和效果最优化，即在控规的编制、实施和监督检查等各个环节中，可以合理利用规划技术，在特定的空间内取得最优的规划效果。其关注焦点在于物质形态的管控和对特定空间的设计，这种设计的理论基础是工程性的规划技术标准。从价值导向看，遵循的是科学化、规范化和系统化的基本判断。主体关系是单边性的，即政府（规划主管部门）全权负责控规管理。

相对地，公共政策思路所持的基本假设则是有限理性、效果优化，即一方面认为规划主管部门能够出台有效的控规，另一方面也承认控规的管控调节效果很难达到"最优"，而只是一定范围的优化。其关注焦点也不局限于物质形态的空间设计，而是通过制度层面的设计，寻求政策设定与多方利益的有机协调。其理论基础是城市政府行为遵循公平与效率兼顾的基本原则。从价值导向来看，这个理论思路尊重市场经济条件下的多元利益需求，并期望实现多主体利益的协调。其主体关系也从单边进化为双边，由政府全权负责转变为政府主导与公众参与的协同配合。

从发展脉络看，学界对控规问题的研究是逐渐从工程技术思路转向公共政策思路的，这与我国当代城乡规划实践的转型及思潮演变趋势密切相关（张京祥、罗震东，2013）。学者们认识到从制度设计的角度探讨控规问题，有助于得出更有效的解释。因此，循着公共政策思路展开的研究越来越多，尤其体现在控规调整议题的讨论中。不过我们发现，现有研究缺乏理论分析工具的引入，偏重描述性，属于"就调整论调整"的经验性阐述，分析力度明显不足，缺少对控规本质内涵的挖掘及对其运行中各问题深层症结的剖析。此外，现有研究罕有对控规调整类型的划分，而倾向于将其视为高度同质化的现象。然而，这种简化处理并不利于全面、深入地理解控规调整的内在逻辑。

因此，本书将尝试突破现有研究依循的这两个理论思路，借助合约分析视角探索"第三个思路"。借助新视角，重新审视控规的内在属性特征，提出控规调整的分析维度，进而构建一套合约分析框架，运用到深圳市法定图则调整的案例研究中，挖掘调整过程中各主体的行为逻辑和影响因素。

1.1.2　研究问题

基于以上选题背景可以发现控规进入频繁调整阶段的现实，以及现有研究常用理论思路所存在的局限，迫切需要学界思考如下问题。

（1）在工程技术思路和公共政策思路之外，是否存在其他理论思路？能否基于合约分析视角开辟出新的讨论进路？如果能，它有何优势？

（2）合约分析视角下控规的本质内涵是什么？控规调整的合

约分析，应从哪几个维度切入？基于这些维度，怎样对控规调整进行分类？

（3）各类型的控规调整存在什么特征？控规调整过程蕴含了哪些重要影响因素？这些影响因素对控规调整的结果有何影响？理论探讨和案例研究对于完善控规管理有何政策价值？

1.2　研究意义

1.2.1　理论意义

1.2.1.1　开拓城市规划学、新制度经济学和经济社会学交叉领域，并扩展合约理论的讨论范畴

随着空间与社会的快速变迁，规划学科需要新知识来分析新的区域和城市议题，也急需新的技术和手段介入并解决这些问题（柏兰芝，2000）。如卡斯特尔所言，规划这门学问的长处在于能够灵活地吸收跨学科知识来分析空间以及具体的区域城市问题（Castells，2000）。在我国经济社会快速发展、城市规划建设日新月异的大背景下，城市规划研究已从单一的工程技术分析向经济发展、社会公正、人口资源环境协调、生态保护、历史文化传承的综合性分析扩展。这大大激发了城市规划与经济学、社会学、管理学等社会科学，以及与环境科学、生态学等自然科学的跨学科对话，并已取得大量研究成果。

对控规议题的研究而言，借助经济学家和社会学家在合约研究上的理论成果及其启发，构建一套控规调整的合约分析框架，并运用到深圳市法定图则调整案例的分析中，一方面有助于推动城市规划学与新制度经济学、经济社会学的跨学科探讨，深化对

城市规划现实议题的理论探究；另一方面也扩展了合约理论的讨论范畴，延伸其对现实问题的分析广度，并通过经验研究丰富合约理论内涵，推进理论探讨。

1.2.1.2 为控规议题研究提供新的理论思路，提炼控规内在属性及其调整蕴含的分析维度，深化对我国新时期控规调整现象的理论解读

自 2008 年《城乡规划法》实施后，控规在我国城市规划管理体系中的重要性愈加凸显，对控规相关议题的深入研究也势在必行，尤其是控规频繁调整的现实越来越引起学界关注。但仅依循前文所归纳的工程技术思路或公共政策思路，无法深入挖掘我国控规所特有的内在属性，更不能将控规调整的深层动因、利益相关主体及其行为逻辑和调整中的利益协商过程有机勾连，不利于洞悉控规调整的深层规律。

鉴于此，本书以合约分析视角作为"第三个思路"，重新审视控规的内在属性特征，并提出控规调整的核心分析维度，进而构建一套合约分析框架，通过案例研究提炼控规调整中的重要影响因素。这既能为控规议题的相关研究提供新的理论思路，又有助于深化对新时期控规调整现象的理论解读。

1.2.2 实践意义

1.2.2.1 基于深圳法定图则调整的案例研究，为我国经济社会快速发展地区的控规管理提供决策参考

随着控规管理进入"全面覆盖"阶段，我国处于快速发展和转型阶段的城市仍将面临大量的控规调整申请，这一局面在短时间内不会改变。

本书通过对经济社会快速发展典型地区——深圳市的法定图

则调整个案进行深入研究，挖掘控规调整过程中的重要影响因素，有助于识别控规调整的利益诉求主体分类、利益诉求属性、深层动因以及调整过程中相关主体的利益表达和协商等关键问题，进而为我国其他经济社会快速发展地区的控规管理提供有借鉴意义的决策参考。

1.2.2.2 基于控规调整的合约分析，为我国控规的管理优化指明方向

值得指出的是，控规运行的制度环境（规划管理体制及技术标准等）和作用对象（城市各类开发建设）处于快速变迁中。面对多元主体开发行为及诉求的复杂化与规划管理法治化的内在张力，控规与城市建设及规划管理的匹配诉求（汪坚强，2009）、控规指标合理调整及效力提升的诉求（唐历敏，2006），激发着改革控规运行体制的现实需要。

本书对控规调整展开合约视角下的分析，有助于厘清控规管理存在的问题，为我国城市的控规管理优化提供一个改革方向，提出系统性、针对性、可操作性强的政策建议，使控规更好地发挥引导和管控作用。

1.3 研究地点选择

本书将以深圳市的法定图则为研究对象。选择深圳，一方面是因为其30多年来的城市发展和建设取得了显著成就，创造了城市化发展的"深圳速度"；另一方面在于其城市规划管理水平位居全国前列，且其法定图则已经基本完成编制工作，进入了典型的"全面覆盖"管理阶段。

众所周知，与发展基础雄厚的北京、上海、广州相比，深圳

在 1978 年仍然是一个仅有不到 2 万人口、工业产值 0.61 亿元、农业产值 1.18 亿元的边陲农业型小镇，名不见经传。1979 年 7 月，中央同意在广东省的深圳、珠海、汕头和福建省的厦门试办"出口特区"（1980 年 5 月将这四个出口特区改称为经济特区），并将深圳升格为广东省管辖的地级市。此后，深圳市抓住机遇，在中央"试点探路"的要求和优惠政策支持下敢想敢为，城市经济社会发展和建设水平取得巨大飞跃（张践祚等，2016），仅用了 30 多年便成长为与北上广并驾齐驱的"一线城市"。这从四个城市 30 年来建成区面积的变化轨迹便可看出。如图 1.1 所示，深圳 1984 年的建成区面积仅有 20 平方公里，远远落后于北京的 366 平方公里、广州的 206 平方公里和上海的 181 平方公里。但经过 30 年的发展，2013 年深圳的建成区面积达到 934 平方公里，已超过上海的 886 平方公里，与北京和广州的差距也在缩小。而且，其建成区面积的年均增长率达 14.2%，明显领先于北京的 4.5%、上海的 5.6% 和广州的 5.7%，足见其城市发展之快。

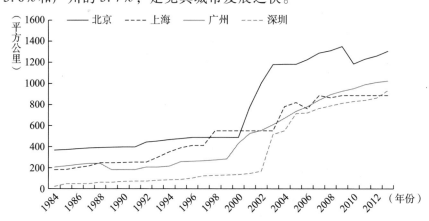

图 1.1　1984~2013 年北京、上海、广州、深圳城市建成区面积变化示意图

资料来源：根据《中国城市统计年鉴》（1985~2014 年）及相关年鉴数据绘制。

在城市建设迅速推进的大背景下，深圳市 1998 年颁布施行了《深圳市城市规划条例》，并根据该条例组建了深圳市城市规划委员会，第一批 11 个法定图则也按照法定程序投入使用。这标志着深圳市正式确立法定图则制度（王富海，2000）。1999 年出台的《深圳市法定图则编制技术规定（试行稿）》等配套制度，则为法定图则的编制、审批和实施提供了程序和技术保障。历经近 20 年实践，尤其在 2008 年底部署的为期两年的法定图则"大会战"带动下，深圳市已经基本实现了法定图则对城市建设用地的全覆盖。

在全市法定图则编制工作基本完成的背景下，深圳市规划主管部门的工作重点逐渐由编制转向实施管理，法定图则局部调整的现象日益增多——局部调整数量经历了法定图则"大会战"时期（2008~2010 年）的低位徘徊后，从 2011 年起呈现出逐年递增的态势，从 2009 年的 22 个、2010 年的 31 个，增长到 2013 年的 108 个和 2014 年的 101 个（见表 1.2）。

表 1.2　2008~2014 年深圳市法定图则局部调整、城市更新单元项目的数量

单位：个

	2008 年	2009 年	2010 年	2011 年	2012 年	2013 年	2014 年
法定图则的局部调整	36	22	31	50	77	108	101
年度批准的城市更新单元项目	—	—	116	57	65	29	61

资料来源：根据深圳市 2008~2014 年法定图则局部调整情况和城市更新年度计划数据绘制。

此外，2009 年 12 月施行的《深圳市城市更新办法》（以下简称《办法》），标志着深圳市正式开始城市更新单元的管理实践。从 2010 年到 2014 年底，深圳市共批准了 328 个城市更新项目（见

表1.2）。而且，根据《办法》及2012年颁布实施的《深圳市城市更新办法实施细则》，城市更新单元项目需要专门制定城市更新单元规划（参考法定图则确定的各项控制要求，由市规划主管部门批准后实施），并按照城市更新单元规划的要求，对片区开发建设行为进行管理。由于大多数城市更新单元的开发指标会突破原法定图则要求，因此从本质上说，城市更新单元规划也属于对法定图则的一种调整。可见，深圳市法定图则存在的大量调整现象，为研究控规调整问题提供了极佳案例。

1.4 研究思路

1.4.1 研究目标

本书以合约理论作为分析框架构建的理论基础，以控规实践走在全国前列的深圳市法定图则为案例，探索合约视角下控规调整的原因、过程及其蕴含的影响因素。具体而言，本书目标如下。

1.4.1.1 提出控规研究的新思路

通过对现有控规相关研究的梳理，对其理论思路的共性进行提炼，挖掘工程技术思路和公共政策思路的基本假设、关注焦点、理论基础、价值导向和主体关系等内涵。在此基础上，提出合约视角的思路并加以比较，并循着新理论思路，寻找控规调整研究的切入点。

1.4.1.2 构建合约视角下的理论分析框架

循着合约视角这一理论思路，梳理政治哲学、经济学和法学对合约理论在不同尺度上的研究成果和理论推进。挖掘适用于控规分析的理论要点，借鉴不同学科的合约理论精髓，构建控规调整研究的合约分析框架，为案例研究提供理论工具。

1.4.1.3　开展案例研究

基于合约分析框架，以深圳市法定图则调整个案为研究对象，从申请主体划分、调整诉求属性、嵌入性、外部性等维度出发，对法定图则调整进行新的理论分类。对各类型调整的典型个案进行深入剖析，透视合约视角下控规调整的内在逻辑，提炼个案背后的深层影响因素。

1.4.1.4　提出政策建议

控规在城市规划体系中的重要性日益凸显，但也面临一些争议。在此背景下，城市政府应当确定怎样的控规管理改革方向，如何更好地处理城市发展与多元主体利益协调的问题，便成为重要的研究问题。本书将通过理论分析和案例研究寻找问题症结所在，为经济社会快速发展地区的规划管理提供有益的政策建议。

1.4.2　研究方法

1.4.2.1　参与观察法

笔者于 2015 年 9 月到 11 月、2016 年 3 月到 4 月在深圳市 IJIV 委员会 FSIJ 处（主管深圳市法定图则的编制、修编、局部调整等各项工作）实习。实习期间参与了 FSIJ 处的日常管理，通过接触、旁听会议（处业务会议、委业务会议、HFVB 委员会会议）、整理文件资料等方式，对法定图则管理进行了深入观察。

1.4.2.2　资料分析法

在深圳市 IJIV 委员会实习期间，笔者对法定图则局部调整的公示材料（文本、图纸、研究报告等）、城市更新单元规划公开成果（文本、图纸，原法定图则文本、图纸等）、政策文件、技术标准等资料进行了梳理和总结。这对于广泛且深入了解调整个案很有帮助。

1.4.2.3 访谈法

在深圳市 IJIV 委员会实习期间，笔者在工作过程中及闲暇时多次以正式或非正式的方式，向专业规划师、研究人员请教问题。此外，还通过多种渠道（如当面询问、电话沟通等）对法定图则调整的利益诉求主体、利益相关方进行了多次非结构式访谈。这对于深入了解法定图则调整个案的背景、过程等细节至关重要。

1.4.2.4 文献研究方法

对相关领域（理论研究、案例研究）的国内外研究成果进行了梳理和总结，掌握现有研究概况、主要贡献及其局限，为本书的理论思考奠定了基础，并为开辟控规研究的"第三个思路"、构建更有效的分析工具提供了知识支撑。

1.4.3 资料来源

资料来源情况见表 1.3。

表 1.3 资料来源汇总

资料类型	资料名称
法规及政策文件	《深圳市城市规划条例》（2001 修正） 《深圳市城市规划标准与准则》（2013 年版） 《深圳市城市规划标准与准则（条文说明）》（2013 年版） 《深圳市法定图则编制技术指引》（2014 年版） 《法定图则制定及局部调整操作规程（试行）》（2015 年版）
规划资料	《深圳市城市总体规划（2010—2020）》 《深圳市土地利用总体规划（2006—2020 年）》 《深圳市国民经济和社会发展第十二个五年规划纲要》 深圳市 219 个法定图则的法定文件（截至 2015 年 9 月）
相关资料	若干已完成并公示的法定图则局部调整个案 若干已公开的专项规划与研究报告

1.4.4　章节安排

本书由四部分构成。第一部分（第 1、2、3 章）为研究基础、相关研究进展和合约理论分析框架的构建。首先对控规议题的现实背景和研究背景进行概括，指出控规调整问题的研究意义，简要介绍研究对象和研究思路；其次回顾控规调整的相关研究，梳理合约理论的主要内容和演进，指出将合约分析视角引入控规研究的可行性；最后提炼控规调整研究的合约分析要素，构建合约分析的理论框架。第二部分（第 4、5、6、7 章）是基于构建的合约分析框架，对深圳市法定图则未预期型调整、市场主体发展诉求型调整和公共部门发展诉求型调整进行案例研究，对各类型调整的典型个案进行深度剖析，并分析调整中的影响因素。第三部分（第 8 章）是基于理论分析和案例研究，对"全面覆盖"背景下的控规管理提出政策建议。第四部分（第 9 章）是结论与展望。根据以上内容安排，本书包括以下 9 个章节。

第 1 章：研究基础。本章主要介绍本书的选题背景、研究问题，在此基础上指出研究意义、研究对象、研究思路。本章的阐述旨在说明本书从何而来、如何展开的问题。

第 2 章：相关研究进展。本章回顾和综述了国内外研究进展，包括控规调整议题和多学科视域下的合约理论，在此基础上指出控规的合约分析有其可行性和必要性。本章的阐述旨在明确本书的理论切入点。

第 3 章：合约理论分析框架的构建。本章基于合约理论中一些契合度较高的观点和分析视角发掘控规的主要理论维度，构建控规调整的合约分析框架，为案例研究提供理论工具。本章的阐述旨在奠定全文的理论分析基础。

第 4 章：法定图则未预期型调整。本章首先通过回顾 2014 年深圳市法定图则未预期型调整的 7 个个案，提炼出此类调整的主要特征。之后深度剖析两个典型个案——一个无嵌入性张力、有正面作用，另一个有嵌入性张力、外部性影响大。本章的分析旨在呈现法定图则未预期型调整涉及的利益互动主体及其协调过程。

第 5 章：市场主体发展诉求型调整。本章首先通过回顾 2014 年深圳市市场主体发展诉求型调整的 8 个代表性个案，提炼出此类调整的主要特征。然后深度剖析 3 个典型个案——2 个外部性较小，1 个外部性较大。本章的分析旨在呈现市场主体发展诉求型调整蕴含的主体谈判地位差异及其对调整结果的影响。

第 6 章：公共部门发展诉求型调整。本章首先通过回顾 2014 年深圳市公共部门发展诉求型调整的 8 个代表性个案，提炼出此类调整的主要特征。然后深度剖析 3 个典型个案——2 个经济发展类，1 个社会建设类。本章的分析旨在呈现公共部门发展诉求型调整的动力来源、与上位规划存在张力时的不同处理方法以及协调多方利益时隐含的谈判地位差异。

第 7 章：法定图则调整中的影响因素。本章将基于对法定图则未预期型调整、市场主体发展诉求型调整和公共部门发展诉求型调整的分析，提炼对调整走向、结果产生影响的主要因素，并分析其原因。本章的讨论旨在呈现法定图则调整中的深层机制。

第 8 章："全面覆盖"背景下控规管理的政策建议。本章将基于前文理论分析和案例研究的结论，从控规编制、控规调整审批机制及控规调整审批标准三个方面出发，为我国经济社会快速发展转型地区控规管理的优化提出政策建议。本章的讨论旨在为控规编制、管理机制、审核标准的完善提供决策参考。

第 9 章：结论与展望。本章将归纳理论探讨和案例研究的主要

结论，并提炼创新点，最后展望有待进一步探讨的问题。本章的
阐述旨在总结本书的贡献，提出后续研究中应当继续关注的问题。

1.4.5　本书技术路线

本书技术路线见图 1.2。

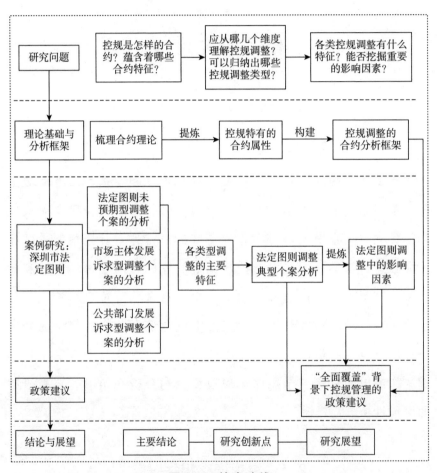

图 1.2　技术路线

第 2 章

相关研究进展

本章将对国内外相关研究文献进行梳理和评述。一方面提出已有控规调整研究的不足及深层原因，另一方面为新研究切入点的选择和后续章节的展开奠定理论基础。首先，对控规调整的相关文献进行综述，主要包括控规调整的原因、调整过程中的利益协调及调整存在的问题与改进；其次，对合约理论进行梳理，分别对政治哲学、经济学和法学三个学科围绕合约议题展开的理论研究进行概述；最后，反思控规调整的研究思路，指出基于合约理论拓展出的"第三个思路"以及将合约分析视角引入控规研究的可行性。

2.1 控规调整相关研究

2.1.1 调整原因

编制是实施的前置环节，因此不少学者将控规的频繁调整归因于其编制不够科学完善。有学者指出，控规编制时存在基础资料不全、研究不到位、对所有建设用地采取"一刀切"管控等问题（徐会夫等，2011）。也有学者提出，控规指标体系的针对性不足，未对不同类型用地的环境容量控制、土地使用强度控制和配套设施控制进行区别对待（彭文高、任庆昌，2008）。还有学者认为，控规中的容积率等控制性指标的制度设计刚性有余、弹性不足，致使规划实施效率较低，调整频繁发生（孙峰、郑振兴，2013）。另外，有学者基于土地发展权视角，指出控规编制过程中缺乏土地发展权层面的制度设计和管理手段，致使控规指标缺乏严谨性、科学性和可操作性，实施中难免需要调整（衣霄翔，2013；朱一中、丁焕峰，2011）。

除了控规编制阶段潜在的"未预期性"，许多学者还从控规本身的属性及其外部环境等角度出发对调整原因展开分析。有学者指出，控规作为将规划内容法定化的管控形式，其确定的土地用途和开发指标可能与市场需求存在较大差异，因此控规与市场经济具有不适应性（鲍梓婷等，2015）。市场的不确定性和控规法定羁束之间的内在矛盾是控规调整的重要原因（章征涛、宋彦，2014）。不少研究关注市场驱动力对控规调整的影响，指出开发商申请调整控规是常见现象（韩华，2006）。也有学者指出，城市本身也具有发展的动态性和不确定性，并非按照规划思路"按部就班"地发展，因此控规时效性较弱，需及时做出相应调整才能有效指导城市开发建设（邓琪，2003）。还有学者指出，政府"经营城市"的总体部署调整、重要项目进驻、决策者思路转变（张嵩等，2015）、工业企业等大型设施改造搬迁（李江云，2003）等因素，也可能成为控规调整的原因。

2.1.2 调整过程中的利益协调

现有研究指出，开发建设单位、规划管理部门、设计单位（技术论证单位）和公众是控规调整中的主要利益相关者，左右着控规调整的方向。有学者剖析了上述四个主体的行为特征，指出开发建设单位将控规调整作为获得额外建设条件的手段，规划管理部门将控规调整作为应对多方压力的管理手段，设计单位将控规调整作为规划设计职业活动的一种形式，公众在控规调整中的参与度则很低（苏腾，2007）。也有学者借助新制度经济学的产权理论（衣霄翔，2013）和公共品理论（宋丽青等，2014），构建了多元利益主体的博弈框架，指出各方在控规调整过程中的角色、利益诉求和博弈结果。还有学者借助北京旧城区轨道交通站点开发建设的控规调整案例，将各方利益博弈后的控规调整归纳为开发阻力型（开发阻力大，指标微调）、公益建设型（地块细分，建筑面积减少）、原址改造型（面积不变，容积率提高）、旧城保护型（地块细分，容积率下降）和集中拆建型（地块整合，功能调整）五类（林坚等，2011），为控规调整协调各方利益诉求和推进公益性基础设施建设提供了有益参考。

此外，在开发建设单位与规划管理部门的协调上，有学者注意到控规与土地出让条件存在"硬捆绑"（土地出让时直接套用控规的要求作为土地出让的规划设计条件，必须严格执行该条件，不得调整）现象，使得市场经济下的控规在实施环节不可避免地面临调整。这种被动式调整存在市场公平性的争议，因此应引入规划咨询的中介环节，实现控规与土地出让条件的"软捆绑"，既保证开发主体的利益，也减少控规调整、维护市场公平（何子张，2009）。还有学者认为控规与开发许可的"关系紧张"会影响到土地使用权受让人的切身利益，因此政府应按照"信赖利益保护原则"保护主体权益。这能降低控规实施中的协调成本，减少被动调整（郑心舟、杨平华，2013）。

2.1.3　调整存在的问题与改进

针对控规调整中存在的问题，部分研究主要从调整程序和现实负效应两方面入手分析。从前者看，有学者指出，控规调整存在程序相对封闭、技术管理规定尚待完善、调整申请程序不够规范和透明、审查时间仓促等不足，且公众与市场的地位不对等，审批过程中规划管理部门的自由裁量权过大（唐鹏，2010）。也有学者提出，实践中控规调整的容积率调整存在没有明确的申请受理范围、缺少明确的容积率可调整幅度、未针对不同申请主体采取不同的调整程序等问题，致使容积率调整备受争议（吴浩军、李怡婉，2010）。还有学者认为，控规调整过程中公众参与采取的公示、座谈和听证三种方式均存在一定程序缺陷，不利于公众真实意愿的表达和有效采纳（张磊等，2013）。从后者看，学者们指出，控规调整引发的现实问题包括城市发展失控、侵犯社会公共利益、不正当行为加剧、规划科学性与严肃性受到质疑等（李浩，2008；李浩、孙旭东，2007），且地块建筑量增加使公共服务设施和基础设施承载力不足，城市景观和人居环境质量下降，规划调整存在权力滥用、寻租等乱象（李浩等，2007）。学者们认为，其症结在于认识问题的局部思维、政府管理角色的重合、公众参与的消极被动和法律约束存在盲点等。

在控规调整改进方面，学者们分别从思想层面、制度层面、管理层面和技术层面提出了对策。有学者指出，应树立区别对待、整体控制、政务公开和责任追究的指导思想，推进控规调整的科学改革（李浩、孙旭东，2007）。也有学者提出，需要加强规划监督制度、控规调整程序和决策机制（唐鹏，2010；吴浩军、李怡婉，2010）以及建设项目审批程序和公众参与机制的建设（邓昭华，2013）。还有学者从管理优化角度指出，应当实行控规调整政务公开，构建信息反馈机制，强化控规指标调整的整体把控，完善规划调控政策，把握指标的刚性与弹性（恽爽，2006）。还有学者从控规的技术支撑角度，指出"一张图"平台有助于整合规划成果信息资源，将其纳入统一的信息系统，确保规划调整有据可依，提高科学性和工作效率（黄永进等，2011；陈肖磊，2015）。

2.1.4 小结与评述

学者们从控规的调整原因、调整过程中的利益协调和调整存在的问题与改进等方面进行了大量研究。不过，现有研究在三方面存在进一步讨论的空间。

一是对控规调整申请主体的关注集中在开发商身上，但现实中控规调整的申请主体具有多样性，各主体利益诉求也不尽相同。因此在研究控规调整问题时，应当区分申请主体及其利益诉求属性的差别。

二是对控规调整原因的讨论，偏重现实情况阐述，多属于"就调整论调整"的经验性讨论，分析深度不够。因此对调整原因内涵的挖掘亟待深化。

三是对控规调整中各方行为特征及利益协调进行了概述，指出政府扮演多重角色和公众参与不足等问题。但未从控规及其调整的本质属性出发，剖析各方行为的深层影响因素。

鉴于上述不足，本书认为需要引入适当的理论分析工具，重新审视控规的基本内涵，并对控规调整现象展开深入的理论分析。

2.2 合约理论演进

从直观上理解，合约即为主体间达成交易的某种协议。这一协议规定了交易主体之间就某些权利的让渡关系，以确保交易达成。不过，这种理解属于狭义的"合约"。社会科学对"合约"的理解具有多个尺度，合约理论的创立和演进也是由政治哲学、经济学和法学三个学科共同完成的。

2.2.1 政治哲学——合约理论的"古典学派"

2.2.1.1 17~18 世纪的早期理论

政治哲学中的合约理论属于合约研究的"古典学派"。霍布斯、洛克、卢梭等古典学者创立了具有广泛影响力的社会契约论，为欧美国家现代基本政治制度的建立提供了理论基础（孟德斯鸠，2007）。进入 20 世纪，罗尔斯等学者循此进路对契约正义等议题展开讨论，推进了社会契约论在当代的发展（Williamson，1983）。

事实上，早在古希腊时期，智者学派就对合约产生了兴趣，并对合约观念与自然法观念作了区分，认为自然规则优先于合约规则。此后的罗马时代与中世纪思想家基本沿袭了自然法学派的思想，认为自然法高于合约法。但是，直到霍布斯之前，自然法理论和合约理论仍是脱节甚至对立的，霍布斯将二者整合到一起，开辟了合约研究的新纪元。

霍布斯的讨论起点是人类政治状态与前政治状态的对比论证，即政府起源问题。霍布斯意义上的前政治状态设想人类像一切自然物一样，受自然法则支配，而没有人们承认的共同权力存在。由于深受马基雅维利的影响，霍布斯坚信人的本性是恶的，都是自私自利和残暴好斗的，每个人都有按照自己意愿、运用自己力量保全自己的权利。当没有一个公共权力使大家慑服时，人们便处于所谓的战争状态下（霍布斯，1985：94～96）。合约便是在人对和平、自保的基本期待中通过理性协商达成的。霍布斯设想人们通过让渡自己的部分权利以求得和平状态，这是国家权力的来源，也是人类政治文明的滥觞。

由于个人可以直接在自然状态下让渡权利，创造一个合法的政治权威，且不需要统治者与人民之间真的订立合约，也不存在政治权威产生之前公民之间的合约，因此霍布斯能够赋予统治者一种极为宽泛的权力（不仅包括完全的统治权，还包括人们在自然状态下可以随意行使的其他一些权利，如判断善恶的权利）。霍布斯强调，一个统治者（或统治集团）的统治是独裁式的，主权者是国家所有公民的代表。当然，霍布斯也指出，臣民服从主权者的义务并不是无限的，有一些权利是任何人都不能放弃或转让的，尤其是捍卫自己身体的权利（霍布斯，2004）。因此，在把自然权利让渡给主权者的过程中，没有人必须被迫自杀、自伤或自残，或者不反抗那些攻击他的人，或者断绝使用食物、空气、药品或其他任何不使用就无法存活下去的东西（霍布斯，2009）。

虽然霍布斯的理论在17世纪英国的政治斗争中没有引起任何党派的好感，但仍然取得了巨大的成就。自然法的首要地位、人类的自然自由平等以及政治权威取决于社会合约，所有这些可以用来限制统治者权威的常见前提，被他推导出了截然相反的结论。因此，霍布斯的观点备受争议，他没有延伸论证统治者与人民订立国家权力合约之后的关系问题，也未考虑后来世代臣民的义务。而恰恰是这种维护君主至高无上权威的基本论断，成为洛克等后继古典合约理论家抨击的要害。

不过，不论霍布斯的观点是否完美无瑕，仅从理论渊源看，霍布斯从人的自然权利出发提出一种有关国家制度起源的假说、一个理想模型，确实开创了以合约方法研究政治制度的先河。

在 17 世纪的政治思想领域中，洛克代表的自由主义很流行。他在吸收霍布斯个人主义成分和自然法是个人天赋权利等养分的同时，在推导逻辑及由此引出的政治结果方面，站在了霍布斯的对立面。从逻辑起点看，洛克（1982）认为人类的自然状态并不是霍布斯意义上的"人与人之间的战争"，而是和平的、自由的状态。人类的自然本性是相互合作和寻求平稳安定的生活。在洛克眼中，自然状态下的人不仅仅是自然人，更是社会人——人与人之间除了自然关系，还有互敬互爱、合作共存的义务，从而避免陷入战争状态。

那么，国家权力的必要性何在呢？洛克（1982）认为，国家是出于解决人与人之间的财产权纠纷的目的而建立的。他指出，自然状态虽然很美好，但存在明显缺陷。一是缺少一种确定的、规定了的、众所周知的法律，作为共同接受和承认的是非标准以及裁判纠纷的共同尺度；二是缺少一个有权依照既定的法律来裁判一切争执的知名和公正的裁判者；三是往往缺少权力来支持正确的判决，使它得到应有的执行。简言之，自然状态在法律层面缺少一种确定的标准，而在执行监督层面又没有人们认同的公共权力作为保障。因此政府的产生就成为必然选择，只有诉诸政府力量，才能更好地保障个人的自由权利（洛克把生命、自由、财产并列为人的三大天赋权利）。在政府产生的社会秩序下，君主拥有仲裁权力，有权对人们之间的争端行使判决权，并确保惩罚得以实施（洛克，1982）。

与霍布斯大力鼓吹绝对君主权威不同，洛克认为政府不应该是一种高高在上的存在。统治者与人民不是对立的，他也是人民的一分子。所以洛克对霍布斯主张人们转让所有权利给国家的观点持坚决否定的态度，并强调人们只转让了一部分权利给政府，政府只拥有有限权力。如果将权力集中于君主一人身上且毫无限制，必将导致专断甚至暴政，人民的权利将无法得到保障。洛克进而主张，为限制政府权力以维护个人权利，应当在政府内实行分权制，分别由相应部门掌管，各司其职、相互监督（洛克，1982）。一旦政府不能很好地履行责任义务，即违背与人民的合约，人民有权收回委托，再行选择更加合适的政府，这就赋予了人民废除君主、推翻凌驾于人民之上的专断统治者的权利（洛克，1982）。

可见，洛克充分考虑了人民的自由与权利，并在理论上给予了人民充分选择的权利。从理论推进看，洛克的主要贡献就在于他注意到，霍布斯提出权利转让的一次性合约并不足以将国家权力约束在社会成员认可的范围内，因而需要更细致的合约体系来制衡国家权力。洛克思想中的合约是作为一种现实性的制度工具发挥作用的，同时他也把合约视为一种对政治制度的研究方法。

需要说明的是，政治哲学的古典合约理论在 17 世纪的发展并不局限于英国，荷兰与德国学者围绕人性与统治方式的逻辑关联也进行了诸多讨论（斯宾诺莎，1963；普芬道夫，2009）。虽然论证方式各不相同，但他们的结论大多一致，均站在了霍布斯一边，此处我们不阐述他们的观点。直到 18 世纪，法国思想家卢梭的出现又一次推进了合约理论古典学派的讨论。

卢梭的主要贡献在于对公共意志和主权在民的讨论。卢梭认为，人民与国家建立合约的根本目的是建立共同体，使人从天然自由转向约定自由。因此，个人不能无偿奉送自己的权利，个人将天赋权利转让给共同体是有条件的，即共同体应符合全体人民的公共意志。它的合法性就在于体现公共意志，这也是人们订立社会契约的目的所在。基于公共意志概念，卢梭提出了主权在民理论，指出国家的主权属于人民，只有人民才是国家真正的主人。国家权力应当符合公意，这样的共同体人民才能服从。人民服从共同体实际上就是服从自己的理性，因为公意就是人的理性产物。与洛克不同的是，卢梭反对任何形式的分权（如三权分立）。他认为分权之后的公意将不再代表公共利益，而变成了私人利益，所以权力不可分割（卢梭，2003）。

卢梭颇为激进的社会契约论可谓毁誉参半。一方面，其将政治哲学意义上的合约理论推向了顶峰，尤其在 1789 年法国大革命浪潮中扮演了理论旗手的角色，并在美国《独立宣言》和法国《人权宣言》中充分体现，使其名声大噪。另一方面，其理论希望借助公共意志和人民主权使政府与人民站在同一战线，这种过于理想化的主张在法国大革命期间导致绝对专制，所谓的公意制约变得束手无策。因此，政治思想领域对社会契约论的批判越来越多。

卢梭之后，古典社会契约论最重要的后继者——康德扭转了理论航向，延续了社会契约论的理论生命。在康德那里，社会契约论第一次被清晰地描述为一种规范性的理想，即"理性观念"（idea of reason），而不是一个历史事件。所谓"理性观念"是指，尽管现存的政治制度并非源自这样一个实际契约，但社会契约观念可以而且应该被用来验证它们的公正性，即这些制度应该能够得到所有服从于它们的人的同意（参见赖斯，2014）。康德关于制度正义性的讨论将霍布斯、洛克等先贤的注意力从宏观转向微观，实现了社会契约论的重构，并为其指出了新的讨论进路。

2.2.1.2 20世纪的理论发展

当代社会契约论最重要的两个人物就是罗尔斯和诺齐克。罗尔斯循着康德的"正义性"思路展开讨论：他并没有把注意力放在政治义务和政治权威的合法性上，而是关注社会制度与社会结构的"正义"问题。根据罗尔斯的定义，社会正义要求社会的基本结构符合正义的原则，这一原则能确保"对社会合作之利益和负担的合理分配"以及对基本权利和义务的合理分配。罗尔斯的目的是通过社会契约论，在逻辑上推导出这些正义原则。

他指出，社会正义问题的产生，是由于社会成员对利益存在竞争性的要求，这种竞争就需要所有社会成员都同意确定一些原则以规范收益的分配。这一分配符合正义原则有一个非常重要的条件：它必须是在对有关各方而言都公平的情况下做出的。这种假想的公平状态被罗尔斯称为"原初状态"（original position）。罗尔斯在对公平的原初状态进行讨论时，做出了如下假设：订立协议的各方是出于自利的目的而行动的；立约者都是理性的，他们都将通过最有效的手段实现其目的；立约者之间必须是平等的，所有人都拥有同样的权利；立约行为需要得到各方的同意。罗尔斯进而提出，只有在"无知之幕"下订立的合约才是公平的。所谓"无知之幕"是指：没有人知道他在社会中的位置、他的阶级属性或社会地位，他在自然资质分配中的运气、能力、智力、力量和喜好。各方都不知道他们善的观念或他们具体的心理特征（罗尔斯，2009）。简言之，原初状态的"无知之幕"使得立约者对任何使之区别或可能区别于其同伴的特征一无所知，这样便剥夺了立约者的机会主义行为动机。因为任何偏爱某些原则从而以牺牲他人利益为代价增进自身收益的行为都是不公正的。罗尔斯关于"无知之幕"的观点，与布坎南和塔洛克（2000）在《同意的计算》中假定社会（或立宪）契约存在不确定性的观点类似，该书也提出立约者无法确定他们所同意的规则会对自身产生怎样的影响。

事实上，罗尔斯的"原初状态"与古典学派经常提及的"自然状态"之间的区别是极为重要的。在古典学派学者眼中，自然状态是一个底线，立约各方在自利的驱动下逃避自然状态，即默认订立合约后将进入一个比自然状态更好的状态；而罗尔斯定义的"原初状态"则并不是一个立约者希望脱离的境遇，即订立了合约并不意味着带来改善或让人满意，罗尔斯认为订立合约，尤其是公平的、正义的合约，必须根据立约者的自我利益和理性判断，在"无知之幕"理想假定下订立合约的条款。进一步地，罗尔斯心中理想的正义社会是一个自由主义的福利民主（liberal welfare democracy）社会，这一结论是从社会契约论的前提下推导出来的：它与理性而自利的人们在"无知之幕"背后将会同意的原则完全一致（罗尔斯，2009）。可见，罗尔斯对正义的逻辑推演，实现了当代社会契约论在微观层面理论演绎的巨大飞跃。

与罗尔斯关注微观层面的正义问题不同，诺齐克的兴趣在宏观问题上，旨在提出一种新的国家诞生方式。诺齐克提出了"最弱意义的国家"的概念，即一种除保护人民的生命、自由、财产的自然权利之外什么也不能做的"国家"。他指出，自然状态下的个人将出于更有效地保护基本权利的考虑订立契约，并将强制执行的权利让渡给一个更大的团体。但与洛克认为这个"更大团体"就是国家不同，诺齐克认为个人首先是同一个或多个私人性保护机构订立契约，这些机构为其成员提供类似于国家的保护功能（诺齐克，2008）。他进一步设想，在任何一个地区，都将出现一个国家之下的支配性保护机构。当一个支配性保护团体能够强迫其"领地"内的人们将不愿意让渡的权利让渡给该团体，而该团体有能力提供保护从而取得执法的垄断权并强制执行时，它就构成一个"最弱意义的国家"，并具有合法的政治权威（诺齐克，2008）。

从影响力来看，诺齐克远没有罗尔斯强。罗尔斯从康德等前辈那里汲取灵感，开拓出了新的、更有生命力的讨论主题，延续了政治哲学领域对合约理论的探讨。莱斯诺夫就指出，罗尔斯的贡献主要包括：第一，他不再将合约看成一个历史事件，而是一场思想实验；第二，他发现了契约论的恰当主题——关于正义的问题，因为社会契约论在思想直觉上的吸引力就在于它允诺对所有个人的利益提供平等的保护；第三，他用了一种公平的、配置了"无知之幕"的原初状态替换了古典契约论的"自然状态"，尽管"无知之幕"备受批评，但只要政府需要进行某种形式的再分配，这个思想实验就是非常必要的，因为再分配的合法性来源就在于实现一种社会公平或正义（莱斯诺夫，2010）。

从霍布斯、洛克到康德，再到罗尔斯、诺齐克，政治哲学视域下的合约理论更倾向于一种思想层面的阐发。虽然先贤们的观点从现实中来，但对现实问题的解决影响力有限，也不具有现代社会科学意义上一个科学理论所必备的可证伪性特征（因为无法进行实证检验）。因此，政治哲学领域对合约理论宏观尺度层面的探讨，给后人留下了很大的理论衍生空间。

2.2.2 经济学——从完全合约到不完全合约

对经济学而言，合约为大部分经济分析提供了基础。作为一种交换，任何交易（不论是公开的还是隐秘的）都必须以某种合约形式（文字的或口头的）为媒介，这使得经济学家很早就从合约的角度思考问题。不过古典经济学理解的合约是即时交易行为达成的，属于个别的、不连续的合约。在亚当·斯密看来，自然秩序具有无比的优越性，即"最显然并简单的自然的自由体系是最和谐的"。古典经济学崇尚自由竞争，认为自然秩序和人类的利己动机共同构成了"看不见的手"，充当了调节市场交易的基本机制。在他们看来，现货交易下的交易双方几乎同时出现，因此合约因素的影响并不突出，只是伴随性的。这使经济学家在很长的时期并未关注合约理论问题。

2.2.2.1　新古典经济学家眼中的合约

古典经济学的创始者们虽给后人留下许多世代传颂的学说，但他们的经济学讨论缺乏数理意义的论证。19 世纪 70 年代开始的边际革命，使经济学理论走上了新的发展道路，逐步建立了新古典经济学的基本框架和分析范式。

在回答产品市场和要素市场如何达到均衡的经典问题时，瓦尔拉斯的切入点是价格和数量的关系。他描述了经济逻辑的基本特征，即一般竞争市场的基本机制，并推导出了个人行为最大化的均衡点。从方法看，瓦尔拉斯构造了一个喊价情境，即在完全竞争的市场上，所有潜在买家都根据价格决定是否出手，卖方则随机地报出价格，直到买方愿意出手购买为止。在供给和需求不平衡时，其模型保留了交易者重新签订合约的权利，买卖双方可以按不同的价格重新签订合约，合约的成交价由市场供求状况决定。这样一直到商品价格达到买卖双方均接受的位置时，就达成了均衡（瓦尔拉斯，1989）。

相对地，埃奇沃思没有使用"喊价"机制，而是假设交易双方在签订了合约后，可以找到更好的机会重新签订新的合约，而且可以反复进行，直到供求双方对现状满意不再继续签约为止。

埃奇沃思指出，已经达成的合约可视为无数个点，将这些点连在一起就是合约曲线。因此，当买卖双方的交点不在合约曲线上时，那么各方下一步的选择将趋向于合约曲线，这对各方也都有利（Edgeworth，1881）。埃奇沃思提出的合约曲线构想，为后来阿罗-德布鲁模型的创立带来重要启发，打通了新古典合约理论和现代合约理论的壁垒。熊彼特高度评价埃奇沃思的研究，认为他对经济学分析工具的研究推进不亚于马歇尔《经济学原理》所做的贡献（熊彼特，1996）。

20世纪中期，阿罗和德布鲁在萨缪尔森创立的一般均衡交易模型基础上推进了一般均衡理论的讨论。这也使两人在1972年和1983年先后获得诺贝尔经济学奖。他们利用凸性和不动点定理代替了边际分析工具，解释了帕累托效率的分配与竞争均衡之间的相关性关系，研究某一时点通过商品交换所能得到的配置结果。在阿罗-德布鲁模型中，每个经济行动者都只考虑自己的目标（个人效用或厂商利润）和价格，且他们均完全有能力预测时间终了之前的所有价格，并假定交易各方的信息差异不会影响个人行动的结果（Arrow and Debreu，1954）。但正是阿罗-德布鲁模型严格地依赖于这些理性预期的假设，使其与现实中的市场逻辑相去甚远。当放松这些假设时，会产生什么样的结果？在信息不对称和存在机会主义行为的交易环境中，最优合约无法实现，应该如何应对逆向选择和道德风险问题？这些问题留下的理论空白，恰恰为现代合约理论的萌生与演进指明了方向。

总结来看，新古典合约理论主要有以下三个特点。第一，合约是抽象的。无论是早期的瓦尔拉斯、埃奇沃思，还是后来的阿罗、德布鲁，都认为合约是交易当事人达成均衡的结果，即合约是均衡的外在体现。从实质上说，这种讨论将合约看作市场秩序的结果,内生于交易当中。第二,合约是完全的。这一时期的经济学家认为,合约条款都能在事前明确地写出,在事后都能完全地执行;当事人能够准确地预测在执行合约时可能发生的不测,并能做出让双方都满意的处理;当事人一旦达成合约,就必须自愿遵守其条款,如果发生纠纷,将存在第三方强制执行合约条款。另外,新古典合约理论中,合约的影响只产生于缔约双方之间,对第三方不存在外部性,而且存在足够多的潜在交易者,不存在垄断问题,签订合约和执行合约的成本也为零。第三,合约具有不确定性。阿罗-德布鲁模型已经考虑到了不确定性问题。阿罗指出,关于未来,一个最引人关注的特征是人们不能完全地认识它。人们的预测,不论是关于价格的,还是关于销售状况的,或者是关于人们在生产或消费过程中产品质量的,都是不确定的(Arrow,1996)。但新古典合约理论在应对这种不确定性时采取的思路是将不确定性化解,保证合约的完全执行。这种化解可以分为事前和事后两种方式,事前的不确定性风险可以通过不同类型的保险来防范,事后的化解可通过第三方的合约调解或强制执行来实现。从这一点看,新古典合约的后期研究已经开始意识到合约的不完全性和事后调整的必要性。

2.2.2.2 现代合约理论

进入 20 世纪 70 年代,更多的经济学家注意到现实世界具有高度不确定性,当事人也存在有限理性、信息不对称、机会主义倾向等限制。因此,签订一个顾及方方面面的完全合约是不可能的。现代合约理论正是从完全合约基本假设与现实的张力切入,展开新的探索。

完全合约在理论上要求当事人能预见一切可能发生的事件并对其做出反应,且要求当事人均自觉遵守合约条件。但威廉姆森、哈特等经济学家指出，由于有限理性及交易成本的存在，现实中的合约通常是不完全的。梯若尔（Tirole，1986，1999）进一步将合约不完全性归因为三类成本：一是预见成本，即当事人由于某种程度的有限理性，不可能预见所有的潜在可能性；二是缔约成本，即使当事人可以预见潜在可能性，但以一种交易双方均没有异议的方式写入合约非常困难，或成本太高；三是证实成本，即关于合约的重要信息，双方都是可观察的，但对第三方（如法庭或其他仲裁方）来说是不可证实的。基于不完全性角度，新制度经济学家们发展出了不完全合约理论（incomplete contracting theory）。完全合约与不完全合约的根本区别在于：前者在事前规定了各种或然状态下当事人的权利和责任，因此问题的重点在于"履约"，即合约的监督和实施；后者则认为不能规定各种或然状态下的权责，需要通过再谈判来解决，因此问题的重点就在于对事前当事人权利（包括再谈判的权利）的机制设计或制度安排（杨瑞龙、聂辉华，2006）。

从现代合约理论的基本假定看，其强调真实世界的信息不完美、不对称以及人的有限理性。一方面，合约理论之所以关注信息问题，在于它反映了交易双方的初始谈判地位。如果交易双方都能准确地把握交易的相关信息，那只需要通过一次谈判就能获得完美的结果，不必建立合约关系。正是由于交易双方都面临着信息的不对称和不完全，合约才有必要成为一种约束双方行为、保证交易顺利实施的客观存在。另一方面，新古典合约理论的理性人假设要求经济活动的各个行为主体都是全知全能且有能力做出最优选择的，但西蒙（Simon，1955）提出了理性的边界，即知识的不完备性、评价的不充分性和选择的有限性，他将这种特征概括为"有限理性"（bounded rationality）。对于合约分析而言，在有限理性假定下，交易过程便需要一种合约作为治理机制来约束交易主体可能的机会主义行为，保证交易得以实现。

事实上，经济学家对现代合约理论的探索发端于企业研究。科斯在其重要的论文《企业的性质》一文中解释了企业在专业化交换经济中存在的根本原因，即利用市场机制进行交换存在交易成本，而企业内组织间的交易可以降低这种成本。因此，一个理性的企业家是选择在市场上寻找合作伙伴，还是在企业内组织生产，考虑的核心要素就是交易成本（Coase，1937）。

无疑，科斯通过引入交易成本对企业性质进行分析，并将企业视为一种"旨在降低外部交易成本的合约联结"，开创了现代合约理论微观分析的先河。这为人们呈现了一个不同于新古典经济学假定的没有交易成本的世界，为现代经济学理论提供了一个讨论问题的基本概念。尽管这个概念还存在许多需要完善的地方，如其可操作性和测量性一直是亟待突破的难点，但它提供了一个超越新古典经济学的分析范式，意义重大而深远。此外，西蒙的有限理性概念也重构了新古典合约理论的假定，信息经济学的发展也使人们对问题的分析更加深入。在此背景下，现代合约理论开枝散叶，涌现出诸多极具价值的理论成果。限于篇幅，我们仅列出合约理论的"经典片段"。从切入点看，可以归纳为三大视角：一是交易成本视角，二是委托-代理视角，三是产权视角。

如前文所述，交易成本理论由科斯首次提出，在威廉姆森、克莱因等学者的努力下发展壮大。科斯提出了"什么是企业"和"企业的边界在哪里"两个基本问题，不过并未讨论交易成本的来源。格罗斯曼、哈特、摩尔等人则指出，交易成本存在的基本原因就是合约的不确定性（Grossman and Hart，1986；Hart and Moore，1988，1990）。哈特还提出，一个不完全合约将随着时间的推移不断修正并需要重新协商，重新协商的过程会产生许多成本，有些可能是事前的，有些可能是事后的。

交易成本学派的代表人物克莱因研究了合约机会主义行为。他认为可占用的专用性准租是使用市场机制的一种特殊交易成本。解决这个问题的办法有两种：一是由政府或其他外部机构通过法律保证履约；二是由市场机制来履约。克莱因指出，通过法院强制执行合约并非有效的办法，签约双方通过规定一种自动履约的范围，使一方违约，另一方可通过实施个人惩罚而让对方采取机会主义行为造成的损失比履约更大，就能实现合约的自动履行。双方在订立合约时应规定一个"不确定条款"，一旦市场条件发生不可预见的变化，就通过谈判协商解决（Klein et al.，1978；Klein，1980）。可见，克莱因的观点深受科斯定理和布坎南有关效率定义的影响。然而，随着研究的深入，克莱因对交易成本与合约关系的讨论在分析现实中复杂多样的合约时存在局限性。以威廉姆森为代表的经济学家将交易类型和不同合约的对应关系结合起来考察，拓宽了交易成本与合约关系的研究。

威廉姆森的主要贡献在于，他主张通过多种治理结构解决不完全合约的履约问题。他基于有限理性和机会主义行为假设指出，合约的达成需要付出交易成本，这通常使合约不完全，并使合约的履行成为重要环节。因此，合约的事后支持制度就变得尤为重要（Williamson，1979）。他指出，不同的交易特征会使追求生产成本和交易成本最小化的理性主体寻求不同的治理结构，交易特征主要取决于三个要素，即资产专用性、不确定性和交易次数。这三个要素中，威廉姆森特别关注资产专用性，即为支持某项特殊交易而进行的耐久性投资。他区分了四类资产专用性：地点专用性、实物资产专用性、人力资产专用性和专项资产（Williamson，1983）。

威廉姆森认为，在没有资产专用性并且交易次数不多时，交易双方维持长期关系的意义不大，双方的具体身份也不重要，所以市场治理是相对有效的方式。但在有高度专用性资产时，如果交易失败，把该资产转用到其他用途上的收益会低很多。进一步讲，资产专用性程度越高，交易失败导致的专用性资产拥有方的损失越大，其对机会主义行为造成伤害的承受能力越差。在这样的条件下，关系的长期维护就是有价值的，因而交易双方的具体身份就很重要（Williamson，1985，1996）。威廉姆森分析的治理结构和交易特征的匹配关系见表 2.1。

表 2.1　有效的治理结构（基于交易频率与投资特征）

		投资特征		
		非专用	混合	专用
交易频率	偶然	市场治理 （古典合约）	三方治理 （新古典合约）	
	多次重复	—	双边治理 （关系性合约）	统一治理 （关系性合约）

资料来源：Williamson（1996）。

（1）属于古典缔约范畴的市场治理（market governance）。这种方法是在交易特征为"偶然"且资产属于非专用性下的治理结构，其运作依赖于良好的市场非人格化交易。其特点是双方能够充分了解缔约时和缔约后可能发生的各种情况，因此合约是完全的。这是古典学者眼中的理想合约，也是主流经济学市场模型的基本假定。

（2）属于新古典缔约范畴的三方治理（trilateral governance）。

这种治理结构针对的是偶然性的交易且具有混合或高度专用性的资产。这时单独依赖于市场不够理想，会由于变更商业伙伴产生大量成本。通过新古典合约方式，借助第三方可以解决纠纷，保证合约履行。其特点是缔约双方不能充分了解当下的复杂情况和缔约后可能发生的各种情况，因此合约是不完全的。这相比古典缔约模型观照了更复杂的现实。

（3）双边治理（bilateral governance）。在多次重复交易且存在一定程度的资产专用性时，就需要在双边安排下保证交易各方的自治，而且独立的组织不会融为一体。此时需要依赖关系性合约来获得"最优"解。其特点是不仅合约不完全，作为裁决纠纷依据的法律也是不完全的，此条件下的合约必须嵌入在人际关系中方能运行。这个特点也适用于统一治理。

（4）统一治理（unified governance）。当出现高度专用性资产和多次重复交易时，便是纵向一体化的情形。此时为了让联合利润最大化的发生更为可能以及更快地适应变化的经济环境，单个商业实体就需要放弃自治，转向融为一体进行统一治理。

从威廉姆森的分类可以发现，随着交易具有更强的专用性特征，市场交易的激励机制变弱，即投资专用性越强，更合适的治理结构越偏离市场治理。从理论关怀看，威廉姆森关心的核心问题是为何会有不同形式的合约以及相应的治理结构，这一问题在新古典体系中是被忽视的。因此，他的讨论为交易成本经济学在合约理论中的运用做出了巨大贡献，通过将资产专用性、交易频率等变量与合约联系起来，提供了一个前景广阔的研究视域。

例如，刘世定教授就发现，威廉姆森的合约理论隐含着一些条件和假定以及与此相联系的特征。如不同治理结构相对优势的分析，建立在一定的制度背景条件下，具有特定身份的人际关系和成文合约之间，被假定为没有摩擦，专用投资何以发生的条件也未被充分关注。以此为理论起点，刘世定教授增加了约前关系对交易特征的影响、多元关系属性和对关系属性的有限控制三条新假定，对合约治理结构和嵌入性的关系展开了深入讨论，实现了对威廉姆森理论的重要推进（刘世定，1999）。

无论从本质还是形式上看，委托-代理关系都是一种典型的合约关系。詹森和麦克林将代理关系定义为一种合约关系：在此合约下，一个人或更多的人（即委托人）聘用另一个人（即代理人）代表他们来履行某些权利，如把若干决策权托付给代理人（Jensen and Meckling，1976）。现实经济生活中，委托-代理关系大量存在，由于委托人直接监督代理人行为成本很高，因此隐藏行动（hidden action）和隐藏信息（hidden information）等代理人的道德风险问题，使该视角非常关注雇员的努力程度问题。

从委托-代理视角讨论合约，必须回答的基本问题就是如何设计合约，解决由所有权与控制权分离所引起的潜在利益冲突和效率损失问题。因此，企业所有者与经理人签订合约时对道德风险和逆向选择的规避是一项重要议题（Carmichael，1983）。从委托-代理基本理论的研究文献看，经济学家从传统的双边委托代理理论（单一委托人、单一代理人、单一事务的委托代理）出发，发展出多代理人理论（单一委托人、多个代理人、单一事务的委托代理）、共同代理理论（多个委托人、单一代理人、单一事务的委托代理）和多任务代理理论（单一委托人、单一代理人、多项事务的委托代理）。从时间上看，委托-代理理论的早期文献探讨的是单一委托人、单一代理人、单一代理事务的最基本形式（Spence and Zeckhauser，1971；Ross，1973；Stiglitz，1974，1975）。这是最抽象的理想状态，是理论分析的起点。从这一双边委托代理理论出发，讨论信息对称情况下的最优解可得到以下结论：代理人报酬由委托人与代理人的最优风险分布决定，委托人可以设计强制性合约，而代理人可以选择合适的努力水平，委托人根据其努力水平支付相应的报酬。但在信息不对称情况下，委托人无法观察代理人的努力水平，向代理人支付固定工资表示对代理人的支付与实际效果无关，此时代理人就会尽可能地最小化自己的努力，委托人也只能获得比信息对称情况下更少的利润。因此，在信息不对称情况下，激励相容就成为重要约束，效率与激励之间的权衡就显现出来。

不过，双边委托代理理论是讨论的最简单形式，对现实的解释力比较有限。这促使经济学家为更好地解释复杂世界中的经济现象，提出了多代理人理论，指出多个代理人之间不能形成合作联盟，因为收入在代理人之间的分配会造成零和博弈。不过当代理人结成联盟对抗委托人时，将造成效率损失，因此委托人有效的监督有助于达成最优解（Holmström，1979）。随后，共同代理理论指出，无论何时多个委托人之间的共谋都是最优的，会达成强纳什均衡（Bernheim and Whinston，1985，1986）；若不合作而各自与代理人签约，则委托人的收益将变少。此后，多任务代理理论被提出（Holmström and Milgrom，1991），假定代理人需要同时完成委托人的多项任务，代理人得到的报酬是每项任务的线性激励总和。这使得代理人在面临多项任务时，要对各任务做出努力程度分配的决策，而委托人则要根据不同任务的性质及对不同任务成效的要求设计最优合约，以尽可能实现更大收益。

委托-代理理论的演进呈现了从最简单的理想型逐步放松假定，将更多现实因素纳入考虑，基于新假设条件展开逻辑推导的发展脉络。不过，愈益成熟的委托-代理理论仍存在"先天"不足，影响了它的解释力。第一，该理论体系忽视了委托人和代理人之间的交易成本；第二，该理论从整体上看是单向度的，即委托人主导了合约设计并孜孜以求最优合约的制定，其与代理人之间仿佛不存在讨价还价，可供代理人选择的仅有接受和拒绝；第三，该理论注意到代理人有机会主义行为的道德风险，并可能造成逆向选择结果，但它并未沿着不完全合约对双方关系的分析向前推进，留下了一定的理论解释盲区。

根据威廉姆森的治理结构理论可知，各种非市场化的治理结构可以降低交易成本，减少机会主义行为，保证合约有效履行。但他并未展开讨论治理结构对应的权利配置。相类似，委托-代理理论也留下了一定的理论空白。这促使以格罗斯曼、哈特等为代表的经济学家基于产权视角进行了极有价值的讨论。

如巴泽尔所言，对合约的研究是产权理论的核心（巴泽尔，2007）。在科斯注意到产权分配的重要性之后，阿尔钦和德姆塞茨循此进路提出了团队生产理论，指出企业的实质是团队生产，团队生产之所以能演变为企业是因为，其生产高效率产生了激励需求与难以计量的产出优势，而且企业对要素生产率和报酬的计算能力，以及对内部机会主义行为的监督明显优于市场，能节约更多的交易成本（Alchian and Demsetz，1972）。

巴泽尔研究的突破在于放弃了交易成本视角，采用了个人分析单位来讨论产权。在巴泽尔那里，产权既构成人们行为的约束，也是在人们的相互作用中内生的。因此，产权被他视为一个自己加以保护、他人试图攫取、第三方介入干预程度的函数，加之产权的界定、维护和实施要付出成本，因此现实中的产权常常是不完全的。产权的不完全性，使得公共领域（即产权未能完全界定的领域）存在，当在公共领域中攫取利益的成本低于收益时，人们将进入，公共领域便会成为利益争夺的"战场"（巴泽尔，2007）。

不过，上述产权理论忽略了一个重要问题：当合约不完全时，合约中没有详细规定的那部分权利应该归谁所有？基于对这个问题的思考，新产权理论登场。该理论给出了合约不完全性的原因——合约规定的项目中有些是第三方无法验证的。此时，即使在合约中写尽所有能设想到的内容也无济于事，因为当有一方采取了第三方无法验证的"违约"行为时，法庭也无法做出判决（Hart and Moore，1998，1999）。循此进路，格罗斯曼、哈特等将合约中除了可以事前规定的具体权利之外的权利定义为"剩余控制权"。剩余控制权来源于某一方对物质资产的所有权，因此一个人拥有的资产越多，外部选择权就越多，剩余控制权就越大，谈判能力也就越强（Hart，1995）。比如说，地主和长工之间就是一种合约关系，长工平时需要做的事情已经由地主交代（口头或文字协议）清楚了。但如果连续下雨导致田地发水，此时虽然合约中并没有写明长工该干什么，但事实上地主仍有权按照自己的想法支配长工投入排水工作，以减少田地的损失。

早期研究中，哈特认为剩余控制权是非此即彼的分布，拥有的一方固然增加了投资激励，但另一方的投资激励将下降，所以社会最优的投资激励无法实现，因此应该通过资产所有权或剩余控制权的有效配置，确保在次优条件下实现最大化总剩余的最佳产权结构。在后来的研究中，其他学者进行了修正和完善，指出当采取非合作博弈方法分析时，资产投资较多并不一定带来更大的剩余控制权，因为代理人可能在谈判过程中行使关系外的权利，抗拒资产所有者"滥用"剩余控制权（Chiu，1998；Meza and Lockwood，1998）。有学者进一步扩展到多个厂商的情况（Bolton and Whinston，1993），当代理人的专用性投资和通用性投资相互替代时，联合所有权是最佳产权状态（Cai，2003）。此外，学者们在吸取剩余控制权思想养分的基础上，将不完全合约方法运用到了金融合约中的证券设计（Aghion and Bolton，1992）、政府的最佳边界（Hart et al.，1997）、企业的合伙制和有效科层结构（Hart and Moore，1999，2005）与剩余司法权和执法权在立法机关和行政机关之间的分配（Pistor and Xu，2002）等现实问题的分析中。

但需要正视的是，学界对"剩余控制权"的定义存在争议。它有时表示"剩余权利"（Grossman and Hart，1986），有时又是"全部权利"（Hart and Moore，1999），而且是一个 0/1 分布的离散变量。由于现实中合约的不完全程度并非 0/1 分布的，因此"新产权理论"的传人们亟须解决概念的统一问题，并赋予其连续变量的含义，以便更好地应用到对复杂现实的分析当中。从静态模型走向动态模型是该理论的另一条进路，引入信息的不对称将给博弈者的信念和行为施加更多的限制，从而消除多重均衡问题。此外，引入谈判成本也将丰富对合约执行问题的讨论。

通过对经济学合约理论的梳理可知，早期经济学讨论的合约多为微观尺度的"合约"。但随着交易成本经济学、委托-代理理论和产权理论的出现，经济学对合约的讨论涉及企业治理机制、控制权配置等内容，明显超越狭义的交易行为，进入中观尺度的"合约"分析。显然，与政治哲学偏重思想层面、宏观尺度的理论探讨方式不同，经济学的合约理论很"接地气"，既有助于挖掘现实中经济行为的内在规律，也具备现代社会科学要求的可证伪性特征。这使得经济学视角下的合约理论具有极大影响力，其理论切入点、核心概念、主要论断主导现代合约理论的走向。

2.2.3 法学：关系性合约理论

美国合约法学界有两个风云人物：一个是宣告了现代正统合约法"死刑"的麦考利；另一个则是让合约法理论"死里逃生"，指出关系在合约执行过程中发挥重要作用的麦克尼尔。

麦考利因在 1963 年发表《企业中的非合约性关系：一个初步的研究》名声大振。他从经验素材中发现，20 世纪 50 年代美国实业活动中的 65%~75% 都是基于非合约性关系达成的，而合约的详细规定对于市场秩序并没有实质性影响（Macaulay，1963）。因此，以麦考利为首的"威斯康星学派"提出了合约已不再重要且没有发展前途的论断。

针对这一论断，麦克尼尔做出了反击。他区分了合约的三种类型，即古典合约、新古典合约和关系性合约，进而指出，古典合约讨论的对象是完全合约，即假定合约是完备的，不存在合约无法实施的问题；新古典合约承认了合约的不完全性，但认为法律是完备的，可由法律确保合约执行；关系性合约则指出，当合约具有不完全性，法律也不完备的时候，合约的执行就需要引入其他社会规范。麦考利所指出的现象正是关系性合约的一种体现（Macneil，1978）。

麦克尼尔在论述关系性合约时强调，合约的基本根源在社会之中，因而如果把单纯最大限度地追求私利的孤立个人作为典型当事人，就会影响对合约本质的准确把握。除了社会之外，合约的具体根源还包括劳动的专业化与交换、自由选择概念和对未来的认识等。他把合约现象分为两种理想形态，即分立的交易和关系交易。前者意味着除了物品的单纯交换外，当事人之间不存在关系，这与新古典经济学理解的交易定义基本吻合。但麦克尼尔强调，这种交易在现代社会中并不普遍，真实世界中属于伙伴关系的当事人，一般许多合约条款悬而未决，留待日后根据需要再做临机应变的调整。如美国有些法律（劳动法、商业法等）中很多条文就包含了关系性因素。关系性合约可以被理解为这样一种合约：它虽不考虑所有的未来偶然性，却是一种长期性安排，在这种安排中，过去、现在和未来预期的良好关系在合约中非常重要。因此，这种合约在某种程度上是隐性的、非正式的和非约束性的（Macneil，1974）。

在这里，交易或多或少地嵌入了一种超越个别交易的关系结构。从合约特点看，关系性合约显然是一种不完全合约，它允许合约中存在漏洞，且这种漏洞并不由合约法弥补，而是依靠在一个关系体系中的连续协商和保持长期关系的预期来解决。因此，关系性合约的执行主要依赖于未来合作价值、关系性规则和声誉。对机会主义行为的遏制，也通常采用非法律形式的制裁，如自我履约协议、针锋相对策略、私人第三方执行合约、管制及各方的"统一治理"等。从嵌入性角度看，在古典合约和新古典合约条件下，交易双方签署的合约依据的是合约法，合约法构成了完全的缔约背景。但在关系性合约条件下，交易双方签署的合约只是部分依靠法律体系，另一部分则嵌入在人格化的关系结构之中（刘世定，1999）。

麦克尼尔之后，关系性合约开始突破学科局限，受到其他领域学者的关注并有了有益推进。可将这些推进归纳为三方面：关系性合约的博弈论分析、关系性规则及其治理、关系性合约激励与资产专用性。

2.2.3.1　关系性合约的博弈论分析

由于关系性合约的主要特点是"自我履行"（self enforcing），

即交易在很大程度上是由参与者自行协调完成的，因此学者们对关系性合约中的博弈产生了浓厚兴趣。在非一体化企业间关系中，上游方和下游方之间的合作就属于关系性合约——上游方占有更多资源，并能抑制下游方违背合约的意图，降低其采取机会主义行为的可能。但这种不对等关系也可能使上游方产生违约冲动，增加不确定性。因此一体化与否，即专用性资产归谁所有，既影响缔约方的违约意图，也决定缔约方式（Baker et al.，2001，2002）。关于企业内部的关系性合约，决策权是不可缔约的，虽然正式权威归属于最高层老板，但其常常把决策批准权授予下属，以激励下属更好地搜寻信息，为决策提供有益的建议或方案，因此上司和下属是通过关系性合约来分享权力的。老板将决策批准权非正式地授予下属，将使下属有动力提出更优方案，但这要以上司对方案的了解为前提。当老板不知情时，非正式授权的可行性取决于下属声誉及其从欺瞒行为中获得的利益。在雇主与员工的博弈中，对员工的激励往往依靠非正式手段，良好的信誉、灵活性等有助于提升员工积极性，这类激励问题实质上也属于关系性合约。同时，雇佣方和员工之间不仅存在信息不对称问题，还存在主观判断，尤其是绩效评估问题，这可能导致合约在执行时雇佣方遇到困难或出现差错（Levin，2003）。

尽管运用博弈论分析关系性合约问题推进了合约研究，但也受到不少批评。例如有学者指出，人类行为并不总是以自利和效用最大化为前提的，关系性合约的存在以及履行，不仅仅取决于理性计算，还存在一些具有重要影响的、内化于心的关系性规则（Macneil，1999）。

2.2.3.2 关系性规则及其治理

根据管理学和社会学的论述，关系性规则是指一些社会过程

（人际交往、信息交流等）和社会规则（信任、团结、相互性等）。它们因交换双方的关系而存在，影响参与者的行为，这种作用甚至超过正式制度安排。例如，有学者发现企业通过关系性规则来维护与国外分销商之间的关系，能增加其出口额（Zhang et al.，2003）。还有人指出，信任、企业网络活动等关系性规则会对交易绩效（包括销售增长率和客户满意度等）产生正面作用（Wang and Li，2008）。也有研究通过五阶段模型讨论了关系性规则在商业关系中的重要性（Dwyer et al.，1987）。此外，有学者在研究生产企业与分销商关系时指出，相对依赖性、交流等因素会影响它们之间的关系强度和互动结果（Anderson et al.，2000）；在保险业中，保险公司与保险代理商组成的战略联盟的关系治理实际是一种 "组织间战略"（Zaheer and Venkatraman，1994）；家族关系和家族成员之间的 "互惠" 有助于形成共同愿景，家族内的血缘关系能产生一种共同语言和共同知识，为形成一致意见奠定基础，从而有利于创造长期价值（Mustakallio et al.，2002）。

　　不过，学界对关系性合约中哪些规则发挥作用以及对发挥作用的测量问题，一直没有达成共识。关系性合约随时间和情境变化，因此产生治理作用的关系性规则会因合约类型的不同而发生变化，其内在机制也各不相同，甚至同类关系性合约也会随着所处的外部经济社会环境变化或参与者的个体差异，体现出不同的治理方式。从嵌入性视角来看，增加约前关系对交易特征的影响、多元关系属性和对关系属性的有限控制三条假定后，对合约治理中同构和非同构关系的探讨，以及经营代理人 "二次嵌入" 问题的分析，对推进关系性合约中规则与治理问题的研究做出了重要贡献（刘世定，1999）。

2.2.3.3 关系性合约激励与资产专用性

交易成本经济学认为，在缺少强有力的第三方强制执行背景的合约结构下，做出专用性投资（或投资更多）的一方会面临被"敲竹杠"的风险，这将使其缺乏投资积极性。不过，即使交易中不存在有强制力的第三方，只要有关系性合约的存在，也能解决单次交易中专用性投资不足的问题（Telser，1980）。专用性投资的所有权会影响到关系性合约的执行，其合约效率在一体化和外包情况下明显不同（Baker et al.，2002）。前者效率更高，但强激励条款通常难以兑现，而在外包条件下专用性投资的所有者要求确保其利益，但也可能会寻求提升价格，防范不确定性风险。因此专用性投资的归属权及其激励方向既受关系性合约的影响，反过来也会影响关系维持的时间。此外，从单向信息不对称和双向信息不对称的角度来看关系性合约的激励问题，最优关系性合约具有一种简单形式——合约中各方的策略仅与本阶段收益有关，因此可以通过了解并动员对方进行专用性投资，提升双方的关系强度，达到共同致力于合作的效果（Levin，2003；Plambeck and Taylor，2006）。

专用性投资激励研究的视角将注意力集中在关系性合约的自我履行条件与执行效率上。此类研究把关系性合约数量化，推导出各种情况的临界条件，深化了对关系性合约的认识，但也留下了一些问题。如上述研究中最优方案的选择都是根据参与者对长期利益与短期利益的比较得到的，即对交易伙伴的信任是基于理性计算后的"信任"。这样的解释仍然以理性人和效用最大化为基础，而真实世界中的各种非经济理性的"关系"（如命令、身份、血缘关系、社会结构、官僚体系、宗教义务等）则未被给予足够重视。

由上述分析可知，关系性合约起源于麦考利、麦克尼尔等美国法学家的敏锐洞察，他们的理论探讨不仅推进了法学界对合约概念的理解，也吸引了经济学、社会学、管理学等学科对关系性合约进行延伸讨论，扩展了它的理论外延和适用范围。从分析尺度看，循着关系性合约思路的理论探讨大多集中于企业层面，因此属于中观层面的合约分析。

2.3　合约分析视角引入控规研究的可行性

2.3.1　控规具有合约性质

从性质上说，控规属于一种具有法律约束力的正式制度安排：其根本属性是城市政府控制土地开发行为、引导相关主体开发建设的法定规划（在我国城乡规划体系中，仅有城市总体规划和控制性详细规划属于法定规划，其他尺度和形式的规划均为非法定规划）。因此，在控规议题的学术讨论中，制度性的分析视角可以提供重要的理论借鉴。

进一步看，控规旨在解决的根本问题就是土地产权收益分配的问题，这种收益分配关系发生于规划主管部门和土地使用主体之间。因此控规具有极强的合约性质，基于合约视角，可以将控规视为城市规划主管部门与所在地块的土地使用主体达成的一个合约：任何土地使用主体均需要按照控规合约的要求，开展土地的开发利用和建设行为。如果某个主体提出的开发建设诉求超出了控规合约的要求，就必须向规划主管部门提出修改、调整控规的申请。当申请获得批准并经过各项合法化程序后，该主体才能按照新的规划要求开发建设。事实上，当我们把控规作为一个合约分析单位时，合约研究方法将为深入分析控规的本质内涵及其调整问题，提供具有洞察力的理论工具。具体而言，可从合意性和交易性两方面理解控规的合约性质。

第一，合意性。合约的一个本质特征就是双方对条款的同意，这种同意贯穿于合约履行的始终，如果不同意就要进行沟通，对合约条款做出必要更改，达成新的合约安排，以维持合作关系。如果合意性受到破坏，双方或者某一方不认可合约条款，抵触甚至反抗合约安排，也不采取修改合约的行动，就会严重威胁合约的有效性，甚至使其名存实亡。需要说明的是，合意性不仅出现在平等主体间的合约关系中，也出现在不平等的主体之间。比如，政府与市场主体、公众的地位并不平等，政府往往居于主导地位（在不同体制或环境下，政府的主导地位存在差异），但这不妨碍政府可以和市场主体或公众达成具有合意性的合约。我国的控规就体现出很强的合意性：虽然政府在控规合约关系中居于主导地位，但这种地位是被用地主体和民众认可的，并未出现控规无法发挥效力，相关利益方不认可其合法性、拒不遵守规划要求的混乱开发建设现象。总体来说，控规是具有权威性和约束力的。

第二，交易性。任何合约的形成都是合约当事人为实现自己利益而与对方进行的交易，康芒斯就把交易视为人类活动的基本单位。他将交易分为三类：买卖交易，即人们之间平等的资源交换活动；管理交易，即长期合约规定的上下级之间的命令和服从关系；配额交易，也称政府交易，即政府与公民之间的治理关系（康芒斯，2009）。对于控规而言，其发展历程也具有交易性的特征。在20世纪90年代控规诞生之初，政府的主导地位较强，土地开发建设主要由政府推动，市场交易的特征不太明显，而更像是康芒斯眼中的"管理交易"或"配额交易"。随着控规日益成为城市建设用地开发的控制性依据，加之土地开发利用主体趋于多样，控规所具有的市场交易特征日益明显。虽然在城市规划管理和建设的现实操作中，特定土地开发行为还要由市场主体与城市土地管理部门签订土地出让合同，完成"两证一书"的法定申请程序，但土地开发必须遵循控规的规定，如果突破就要对控规做出相应调整。可见，控规作为一种合约安排，其交易性特征具有较强的隐匿性，但不可忽视。

2.3.2　合约理论提供了一种分析方法

合约理论不仅提供了一个知识体系，还具有方法论的色彩。当然，在分析控规问题时，合约研究方法和人们在日常生活中从经济意义、法律意义、社会意义上理解的合约，既有联系，又有区别。在经济意义和法律意义上，合约是当事人之间依据法律达成的约束各方行动的文本规则，它们被理解为比法律更低、更具体层次上的规则。在更宽泛的社会意义上，合约不仅是经济或法律合约，还包括当事人依据惯例、习俗等社会规范达成的承诺。但不论是经济、法律还是社会意义上的合约，都有一个共同点，即行动者之间对他们互动方式的相互认可、同意。合约分析方法正是抓住行动者之间相互认可、同意的特点，展开制度研究。

更重要的是，合约分析方法不仅适用于人们意识到他们之间处于合约关系的情况，也适用于人们并未从合约角度来看待相互之间关系的情况。例如，由政府主导制定的各类城市规划及其实施的制度安排，也可以采用合约方法进行研究。由此可见，合约方法的运用范围比人们通常明确意识到的经济的、法律的、社会的合约范围更广。

需要注意的是，制度的合约研究方法不同于在社会哲学中颇具影响的合约主义。社会哲学的合约主义属于一种制度建构主张，持这种主张的人认为按合约主义原则建构的制度是理想的，否则便是不好的。合约主义哲学所秉持的基本原则，如布坎南所言："任何契约主义观点的一个核心要素……就是政治平等，而且是事先意义上的政治平等。契约主义将拒绝考虑这样的决策规则，这些规则在事先就明确否定某些人有进入政治过程的权利。"（布坎南，1989）所以，合约主义是制度建构的一种评判标准。它不是分析现实并有待检验的科学，也不是从事科学分析的方法。本书所采用的是作为制度分析的合约方法，是科学理论的一种建构方式。如拉卡托斯所言，这属于科学研究的一种纲领。

在本书中，运用合约方法讨论控规议题的基本特征包括以下五方面：①以合约作为基本分析单位；②以特定地域的经济社会环境、个体行为作为分析的切入点；③结合成本收益分析、不确定性等因素，关注合约的不完全性、不完整性问题；④合约具有多阶段均衡（如约前均衡、预期均衡、后续均衡等）特点；⑤关注社会互动特征与合约调整间的关系。

将合约分析思路与前文提及的工程技术思路、公共政策思路进行比较不难发现，三种范式存在明显差异（见表2.2）。从基本假设看，合约分析思路基于相关主体的有限理性行为特征，注意到控规属于一种不完全且不完整合约。其关注焦点是外部环境与个体行为之间的密切互动，一方面外部环境直接影响相关主体的行为，另一方面相关主体行为也会引起外部环境的变动。这个分析思路之所以成立，在于控规合约是特定地域内相关各方达成的一个利益分配协议，且具有合意性和交易性两个本质特征。从价值导向看，这一思路在公共政策思路的"尊重需求、多元利益协调"基础上有所推进，即需要政府全局考量与一事一议，规划主管部门需要综合考虑主体利益诉求、城市长远发展等因素，对每一个调整申请做出审批。从主体关系看，这一思路也能更加完整地刻画控规调整全过程，将主体诉求、公众参与与政府决策的多方互动纳入考量。

表 2.2　合约分析思路与现有两条理论思路的比较

	工程技术思路	公共政策思路	合约分析思路
基本假设	理性人、效果最优化	有限理性、效果优化	合约的不完全性、不完整性
关注焦点	物质形态管控与空间布局"设计"	政策设定与利益的协调制度"设计"	外部环境与个体行为的互动嵌入性与外部性
理论基础	工程性的规划技术标准	兼顾公平与效率的政府行为逻辑	控规合约是各方达成的一个利益分配协议
价值导向	科学化、规范化、系统化	尊重需求、多元利益协调	全局考量与一事一议
主体关系	政府全权负责	政府主导+公众参与	主体诉求+公众参与+政府决策

通过对控规调整三个分析思路的比较可以看出，合约分析思路是对公共政策思路的推进。这一思路的优势主要体现在以下三个方面。

一是有助于深度理解控规的本质内涵及其调整的理论动因。工程技术思路将控规视为物质形态与空间布局的管控手段，公共政策思路则将控规视为政府协调各方利益的制度设计。这两个思路对控规本质内涵的认识很深刻，也很重要，但都有一定局限。相对地，关注控规不完全性、不完整性及其运行特征的合约分析思路，可以更加全面深入地挖掘控规蕴含的深层属性，进而提炼控规调整的理论动因，有助于从理论上推进讨论。

二是更契合于我国控规管理进入"全面覆盖"阶段的现实。

我国规划管理正在逐步从"增量规划"走向"存量规划"。土地紧缺问题不断加剧,加之控规已逐步完成对建设用地的全覆盖,使得各类主体日益关注控规,基于特定理由提出调整申请。因此,借助具有较强稳定性和政府高度主导性的公共政策视角,越来越难有效地解释控规管理中出现的新现象、新问题。相对地,关注多方利益诉求及协商过程的合约分析思路,恰恰能够弥补公共政策思路的不足,为控规调整现象提供更有洞见的解释。

三是有助于从"背景—策略选择—协商过程—结果"全过程出发,重新审视控规的内在属性特征,更深入地挖掘控规调整中的影响因素。在对我国控规管理,尤其是控规调整议题的分析中,如果仅站在政府主导的公共政策立场,会使关注点更多地集中在政府对各方利益的协调上,而忽视其他相关主体在特定背景下的策略选择及其与协商过程、动力传导机制、最终结果的内在关联。相对地,关注缔约过程、协议实施及贯穿其中的各方协商等内容的合约分析思路,有利于从多边关系及其互动的角度,为控规调整讨论提供一个新的理论思路,深化理论解读。

鉴于上述优势,本书将循着"第三个思路"——合约分析思路对控规本质内涵和控规调整两个核心议题展开讨论。

第 3 章

合约理论分析框架的构建

3.1　控规的本质内涵
——基于合约视角的分析

在控规属性的讨论中，有学者指出，控规是一种承上启下的管理手段：以总体规划或分区规划为依据，以土地使用控制为重点，强化规划设计与管理及开发的衔接，指导修建性详细规划的编制（李德华，2001；邹德慈，2002）。也有学者认为，应把控规视为一种公共政策，从工程技术向公共政策转型，在思想理念、编制主体、体系构成和运作程序上进行制度建设（汪坚强、郑善文，2015），使其更好地服务城市发展的公益性和长远性，平衡好效率和公平的关系（袁奇峰、扈媛，2010）。还有学者提出，控规应当回归法的本质，结合中国社会政治环境探索法定化的有效路径（周剑云、戚冬瑾，2011）。此外，有学者指出，控规的本质属性在于界定土地发展权，是土地利益分配的重要工具

（田莉，2007）。

上述研究对控规属性的认识虽然各有千秋，但合约视角有助于更好地把握控规的本质属性。从合约角度看，控规是土地使用主体与政府规划主管部门就土地如何开发利用达成的一个协议，包含多种类型的用地单位和多种土地开发利用形式。该协议规定了城市特定地块的用地性质、开发强度、建筑高度等控制性要求以及建筑体量、体型、色彩等指导性要求。土地使用主体需按照要求进行开发利用，如有违背则属违法，不能获得完整的合法权利（如违法建筑）。如果某一主体有突破协议进行合法开发利用的愿望，须在合约调整后实施。由于控规调整将造成一定"外部性"，因此调整方案的达成不仅需要通过技术论证，以获得规划主管部门认可，还需处理好其他相关主体的意见，以征得其对控规调整的同意。具体来说，控规有四个合约属性。

3.1.1　利益诉求属性多元化合约

无论是早期的政治哲学，还是后来的经济学、法学、社会学，对合约理论中涉及的利益关系探讨通常都仅包括缔约的两方或多方。相对而言，这种传统合约的利益诉求属性易于分析，往往也容易找到利益诉求与协调的核心点。虽然霍布斯的国家理论本质上讨论的是政府与人民关系的合约选择问题，后来 20 世纪中期的社会选择理论、公共选择理论也试图将合约方法运用到公共领域事务的分析中，如阿罗基于个人价值和社会选择提出"不可能性定理"（阿罗，2000），唐斯循着阿罗的思路将合约方法运用到民主政治过程的分析（唐斯，2010），布坎南和塔洛克也借助合约方法讨论了民主投票的赞成准则（布坎南、塔洛克，2000）；但是，仔细审视其利益诉求属性后便会发现，这些讨论虽然超越了经济行为层面的交易性合约，扩展到社会行动、政治行为等方面，且纳入讨论的群体规模明显扩大，但他们仍然存在的一个共性就是将个体利益视为同质而非多元的，因此未对利益诉求属性展开区别性分析。事实上，这种简化的处理方法，并不利于甄别控规中各方的多样化利益诉求及其属性差异。因此，在致力于将控规纳入合约分析方法讨论时，首先必须对多方参与以及各方利益诉求属性不尽相同的实际保持高度敏锐性。从此意义上看，这是对合约理论关于主体利益诉求属性层面讨论的深化与丰富。

回到现实中的控规，改革开放以来，随着市场经济不断发展，我国城市用地主体和使用方式愈加多样，既包括居住、商业服务业、工业、物流仓储等经营性用地，也包括公共管理与服务设施、公用设施、交通设施、绿地及广场等公益性用地，并在大类区分的基础上衍生出中类、小类的细分。从国家层面看，20 世纪 90 年代初颁布的《城市用地分类与规划建设用地标准》（GBJ137-90）实施 20 年后日渐显露出不能适应不断变化的城乡建设发展背景问题。因此，住房和城乡建设部主持制定了新版的《城市用地分类与规划建设用地标准》（GB50137-2011），将城市建设用地细分为 8 大类 35 中类 43 小类，以适应新时期城市土地使用方式的多样性及主体的多元化诉求。从城市层面看，就深圳市来说，深圳从 1990 年就开始探索适应自身发展的地方性用地分类标准，此后经过 1997 年、2004 年和 2013 年的三次优化完善，现已形成 9 大类 31 中类的用地分类。可见，用地方式与土地使用主体及其开发利用诉求的多样性，使得控规愈加显现出它是一种涉及多方利益且各方利益诉求属性不尽相同的合约。在法定图则中常见到规划范围内包含一类居住用地、二类居住用地、四类居住用地、商住混合用地、商业服务业设施用地、政府社团用地、工业用地、市政公用设施用地、仓储用地、绿地等多种土地使用方式。涉及的土地使用主体包括商业住宅及服务业设施的开发商、原农村居民、教育机构、公共卫生机构、社区服务机构等。

"窥一斑而知全豹",由这类法定图则便不难理解城市用地主体的多样性。各类主体在经济社会活动中扮演着不同角色,因此其利益诉求属性必然不尽相同。如企业用地是为了从事生产经营以获取经济利润,政府用地是为了从事公共管理活动以实现有效治理,学校用地是为了教书育人,等等。需要注意,这些利益诉求都属于静态、具有较强稳定性的诉求。由于篇幅所限,此处不再一一列举和展开讨论。

为更有针对性地说明控规调整问题,我们直接分析现实中的控规调整个案,发掘控规中利益诉求属性的多元特征。回顾近年来深圳市法定图则的局部调整个案,全市提出调整申请的各类用地主体涵盖国有企业、私营企业、政府部门(如市直部门、区政府直属部门、街道办事处等)、原农村集体股份公司等多种性质的单位。从申请调整内容看,主要为改变用地性质和调整容积率。也有少量个案涉及地块、道路线位等内容的调整。由法定图则调整的申请主体及其调整内容,以及这种调整诉求的目标指向,可将利益诉求属性分为以下 4 类:纯个体利益(非地产开发类)、纯个体利益(地产开发类)、个体利益+公共收益和纯公共收益。

纯个体利益(非地产开发类)属性是指,土地的开发使用者通常是市场主体,其对法定图则调整的目标在于通过用地性质改变、容积率提高等方式,实现自身发展,获取经济利益。但这种利益不是由法定图则调整直接带来的,而需要通过非地产开发性质的市场经营活动获取。此类利益诉求属性,常见于非地产性质的公司为企业发展寻求更大空间的调整个案。

　　纯个体利益（地产开发类）属性是指，土地的开发使用者通常是市场主体，其对法定图则调整的目标在于通过用地性质改变、容积率提高、建筑高度提升等方式，获取经济利益。这种利益是由法定图则调整直接带来的，即借助房地产开发性质的市场活动来获取。此类利益诉求属性，常见于原农村股份公司或房地产企业提出的调整个案。

　　个体利益+公共收益属性是指，土地的开发使用者既可能是市场主体，也可能是非营利性的公共部门，其对法定图则调整的目标并不仅限于经济利益，也体现了公共利益诉求（如教育、医疗、养老、公共服务设施等的改善），这两种利益在调整中同时反映。此类利益诉求属性在法定图则调整的现实个案中越来越多见，甚至成为申请主体增加获批可能性的理性选择。

　　纯公共收益属性是指，土地的开发使用者通常是非营利性的公共部门，其对法定图则调整的目标在于通过用地性质改变、容积率提高等方式，提升土地使用效率，提高公共服务水平，以实现公共收益的增加。此类利益诉求属性常见于政府部门、事业单位等公共部门出于特定公共诉求所提出的调整申请。值得说明的是，纯公共收益的判定可能存在争议。本书中，我们将此类利益归为"纯公共收益"。这里的判断标准是，其目标是不是获取自身的经济利益，其更深层的目标指向是不是公众福祉。

　　第一类，纯个体利益（非地产开发类）。BZVZ 有限公司（简称"BZVZ"）提出提高企业用地容积率的申请，是为了给企业运营提供更大的生产和研发空间，从性质上属于纯企业利益导向的调整申请。不过，BZVZ 申请控规调整并不是要进行地产开发，即控规调整本身不能带来直接经济效益。故此个案的利益诉求属性属于纯个体利益（非地产开发类）。

第二类，纯个体利益（地产开发类）。OBBM 股份公司（简称"OBBM"）提出调整用地性质和容积率的申请，是为了一揽子解决该社区非农用地被征用的历史遗留问题，争取集体企业股东成员利益。而且，OBBM 要进行地产开发，即控规调整本身将给企业带来直接经济效益。故此个案的利益诉求属性属于纯个体利益（地产开发类）。

第三类，个体利益+公共收益。深圳 ZPBA 公司（简称"ZP-BA"）提出调整宗地容积率和用地性质的申请，既有二类居住用地和商业用地容积率提高带来的企业收益，也有配套建设有独立电梯和出入口的养老院（由政府以建安成本价收回，产权归政府）产生的公共收益。故此个案的利益诉求属性属于个体利益+公共收益。

第四类，纯公共收益。深圳市 HV 区 LA 局提出改扩建 HP 小学涉及的容积率调整申请，目的在于增加该小学校舍面积，使其增加班级数，招收更多学生，更好地提供基础教育阶段的公共服务。故此个案的利益诉求属性属于纯公共收益。

3.1.2 不完全且不完整合约

从合约角度看，各类土地使用主体的控规调整申请之所以能够获批，其深层原因在于控规是一种不完全合约。合约的完全性或不完全性，是在合约已经达成，但合约相关各方能否对可能出现的复杂情况形成周延的认识，以及能否做出有效应对以确保合约继续履行的一种属性。如已有研究所发现的，现实中的合约大多是不完全的。这一特点同样适用于控规，控规很难达成一个穷尽各种可能性的"完美合约"。

但除了完全性-不完全性问题，还应特别注意的是合约的完整性-不完整性问题。它是指合约的相关各方之间的沟通是否充分、相互认可是否形成的状态属性。如果沟通充分、相互认可已经形成，则合约是完整的；如果沟通不够充分、相互认可还没有形成，则合约是不完整的。在多方互动的过程中，合约是否完整便成为突出问题。如前文所述，由于城市规划涉及多种属性的利益，且各主体的地位并不平等，因此制定各方一致认可的城市规划的成本非常高昂。这也使合约的不完整性成为控规编制和实施过程中常见的现象。

从理论上说，合约的完全性，应以合约的完整性为前提，因为只有进行充分沟通，才能尽可能了解可能出现的情况以及对如何应对做出规定。具体到控规而言，完整且完全的控规合约，只是一个理想模型：此时控规得到了相关利益主体的一致认可，且各方能完全预见未来可能出现的各种情况，并就这些情况出现后应当如何处理做出详细规定。这种完整且完全的合约虽然极少出现，但为我们透视现实中的控规提供了一个参照系，有助于更敏锐地注意到问题到底出现在哪里。

由控规调整案例可知，控规合约的不完全性、不完整性体现为两类。一类是"法定图则未预期型"控规，即控规编制时仍然留存了一些尚未解决的问题，控规的相关要求可能与土地使用主体的实际意愿并不相符，这种非均衡状态为控规调整埋下了伏笔。另一类是"发展诉求型"控规，即控规编制时不存在尚未解决的问题，规划主管部门和土地使用主体已经达到均衡状态。但随着时间推移和情况变化，原控规不能满足土地使用主体的要求，促使其申请调整，寻求新均衡。

"法定图则未预期型"不完全性引出的理论问题是：为何控规编制时没有彻底解决遗留问题？这个问题的理论解释，就是决策成本的存在。本书中，我们把为了达成控规合约所需付出的各种成本统称为"决策成本"。

事实上，"决策成本"在制定合约、达成议案、设立制度等实现某种有约束力协定的活动中是普遍存在的。控规的决策成本可以分成两类。一类属于技术成本，指为了获取规划所需的各类空间性的、经济社会的相关信息，并加以分析的成本，以及在此基础上编制规划所需的费用（通常体现为支付给编制技术单位的劳务费）。这一成本对应着"完全性-不完全性"问题，即可能因为信息残缺而引起合约的不完全性。另一类属于缔约成本，指为了获取相关主体对控规的认可所支付的成本，这里既包括空间中存量部分需调整、改变的成本，也包括空间中增量部分在分配利益时的协调成本。这一成本对应着"完整性-不完整性"问题，即可能因为社会协商不足而引起合约的不完整性。

对技术成本和缔约成本进行区分，对我们理解控规编制的决策成本颇有帮助。例如，如果在一片没有任何其他人居住，也没有任何其他财产主体的纯私有土地（如独立的城堡或荒岛）上，唯一的所有者要规划一座城市，那么他只需要付出制定规划的技术成本，而不需要付出缔约成本。因为他享有绝对所有权，不需要通过沟通争取他人的认可。但是，当规划涉及不同产权主体的空间关系、收益预期、福利调整的时候，相关主体对规划的认可，即"缔约成本"成为"决策成本"中的必要部分，且这部分成本具有较高的不可控性。

公共选择中存在两类重要的成本，即决策成本和外部成本（布坎南、塔洛克，2000）。前者是指一项决策制定阶段所需付出的成本，后者是指一项决策实施中所需付出的成本。外部成本是决策通过人占比的减函数，即同意的人占比越低，外部成本越高；

反过来，同意的人占比越高，外部成本则越低。当同意的人占比为1的时候，也就是一致赞同时，外部成本为零，但此时需付出的决策成本非常高。

本书参照布坎南和塔洛克的观点提出，控规编制阶段的"决策成本"及与之相对应的运行阶段的"实施成本"（规划得以顺利实施的成本），二者之间存在替代关系，即当控规编制阶段没有付出足够决策成本从而使一些遗留问题仍然存在时，实施成本往往就比较高，控规调整现象便是付出这种成本的外在表现。相对地，如果想降低实施成本，就需在控规编制阶段付出足够的决策成本，尤其要在缔约成本方面下功夫，通过获得更大范围主体的认可以减少遗留问题，确保规划顺利实施。

从深圳来看，其2000年前后和2008年《城乡规划法》出台后的法定图则编制出现了高峰。其中，第一次高峰显现较低的决策成本和较高的实施成本问题。深圳市GHFZ中心的副总规划师F指出：

> 1998年，法定图则最开始实施的时候，深圳就有赶快做的情况。但是2003年、2004年第一批法定图则刚做完之后，就遇到一些执行上的阻力。比如，规划在编制的时候，不知道土地已经出让了，有合同了。因为当时规划和国土是两个体系，缺乏有效沟通。规划不管土地权属，只从区域角度看，觉得这块缺一个设施没有建设，就把它规划成公共设施了，但编完规划后发现，跟现实的土地产权有很大冲突。
>
> 第二个是一些技术准则方面的问题。九几年的时候深标比较简单，控制要素没那么精细。比如，对于开发者来说，容积率是非常重要的因素，但从城市规划的角度看，这块地

的容积率到底怎么确定，原来是模糊的，没有规范，也缺少广泛的调研和沟通。当时基本每个规划师就是参考周边已经出让土地的容积率是多少，我这块就是多少。这就带来了问题，不同规划师有不同的尺度。原来土地出让合同给它一个容积率，后来规划再给它一个容积率，这之间本来可以调整，但怎么调整、中间的利益分配机制怎样，就存在比较大的问题。

可见，副总规划师 F 指出的决策成本更多地体现为缔约成本。上述访谈所提到的问题，在当时各地控规管理中或多或少存在。现实往往体现为控规编制阶段付出的"决策成本"（尤其是缔约成本）较低；相应地，为保证控规这一法定规划的效力，所需的实施成本自然被迫上升。接下来，我们用一个法定图则调整个案简要说明。

ZPBA 在 1995 年签订了土地使用合同补充协议，用地性质为单身公寓，并办理了房产证。1999 年，该用地重新核发规划许可证，项目改为住宅，容积率为 2.0。但该公司未依新的规划许可证完善用地手续。2004 年该公司改制时，深圳市原 IJIV 局对该地块的处置意见为"补地价转为商品房性质"。2009 年，该公司缴纳了土地闲置费。不过该公司的这块用地是 2010 年公布的［布心地区］法定图则的社会福利用地。

显然，法定图则在编制阶段并未与该公司达成共识，其规划不符合 ZPBA 的开发意愿。因此在实施过程中，该公司申请按土地出让合同落实用地性质和容积率，即用地性质由社会福利用地调整为居住用地，容积率相应提高。为了解决早期土地出让合同与后期法定图则的矛盾，既保护 ZPBA 的权益，也落实市政府建设老年公寓的工作部署，深圳市 IJIV 委员会经审议决定，同意将该公司所在地块的用地性质调整为二类居住用地+社会福利用地（敬老院），进一步提高容积率，建成后由政府以建安成本价收回，产权归政府。

从合约的属性看，此案例属于典型的"法定图则未预期型"。在法定图则编制时，规划主管部门对用地性质的界定和 ZPBA 的土地出让合同存在明显矛盾，且土地出让合同在前。在这种双方未就法定图则达成一致的非均衡状态下，在实施过程中难免会出现用地主体申请调整法定图则的诉求。这种"法定图则未预期型"的调整个案并非个例，此处不再详述。

相较于"法定图则未预期型"更多体现为沟通不足导致的合约不完整，"发展诉求型"则主要是由缔约主体的有限理性所造成的。现实中，有些控规在编制时基本达成了主体间的相对均衡，即各方认可控规设定的利益分配格局。但在一个复杂的发展环境中，人们无法预料到各种不确定性，即使想规定"什么情况下可以调整控规、如何调整"的内容，也很难考虑周全。尤其是在城镇化高速发展、城市建设日新月异的时代背景下，国内多数城市只能根据实际情况针对特定调整申请，对控规是否调整、如何调整做出判断，寻找新的均衡点。从这个角度看，作为一种合约的控规，具有多阶段均衡的特征。副总规划师 F 指出：

> 随着 2008 年《城乡规划法》提出把控规的法律效力提高，控规成为唯一的依据，各地都提出控规全覆盖。之前深圳法定图则编制的速度已经放慢。因为 2003 年、2004 年就发现不能编得过快，要不很容易有问题。但 2008 年《城乡规划法》规定，如果没有控规，土地就不能开发。现在看，2008

年后有不少仓促的编制，造成了现在碰到很多问题。因为编得快，很多地区的发展目标、发展前途、发展方向还不明确，过早以法定图则这种法定性的形式把它规划下来，实际上不对。深圳发展很快，一个产业可能 10 年就要换代了，像以前的四大支柱产业，到现在的战略性新兴产业，再到未来产业，可能几年就换一代。如果提前把法定图则全覆盖，会导致很多调整。现在碰到的最大问题，就是实施的问题，实施不下去自然要调整。

循着副总规划师 F 指出的问题，我们对深圳市近几年法定图则调整个案进行了简要回顾。可以发现，深圳市"发展诉求型"不完全性所导致的法定图则调整，可进一步区分为市场主体发展诉求和公共部门发展诉求两大类。下面的两个调整个案很有代表性。

（1）BZVZ 个案——市场主体发展诉求。BZVZ 申请调整的用地，规划性质是高新技术园区用地。该用地在 2007 年办理了建设用地规划许可证，同年 6 月签订土地使用合同，用途为工业，全部用于生产及研发用房建设。随着 BZVZ 发展蒸蒸日上，其业务发展需要促使 BZVZ 提出调整法定图则、扩大建设规模的申请：容积率提高至 6.3。经深圳市 IJIV 委员会 2012 年办公会审议，同意该用地容积率提高至 6.3，并要求项目在建筑设计阶段须按《工程建设标准强制性条文》要求，做好优化设计，处理好平面布局、建筑形体、体量等问题，尽量做到功能布局合理、形态适宜。这一意见也经 HFVB 委员会 2012 年第 6 次会议审批通过。

从不完全性看，此个案属于典型的"发展诉求型"。规划部门编制法定图则时，对用地性质、容积率的界定和 BZVZ 达成了一致，属于均衡状态，不存在未解决的遗留问题。但随着企业发展，BZVZ 对建筑面积增加的诉求逐渐显现，并提出了调整法定图则的申请。其实，由于深圳处于高速发展阶段，法定图则也已经基本实现建设用地的全覆盖，因此当时市场主体基于发展诉求提出调整申请的个案并不在少数，此类调整申请也将在很长一段时间内存在。

（2）HP 小学个案——公共部门发展诉求。HV 区 LA 局申请调整的土地，具体的用地主体是 HP 小学。该小学土地权属为行政划拨的小学用地，当时的学校建制为 24 班，容积率 0.7。不过，随着该片区适龄入学儿童数量不断攀升，24 班建制已经无法满足周边需要，HV 区 LA 局向 HI 部门提出了小学改扩建的申请。HI 部门为使 HP 小学更好地服务周边适龄儿童入学，同意了改扩建的立项意见，提出保留原综合楼和宿舍楼，在学校现有运动场建设新教学楼，并拆除旧教学楼。鉴于此，HV 区 LA 局向深圳市 IJIV 委员会 FA 直属管理局提出了调整容积率的申请，将 0.7 调整为不大于 1.54。由于 HI 部门和 JD 部门已经同意该项目，且该申请的确有助于提升 HP 小学的公共服务能力，因此深圳市 IJIV 委员会也同意了调整申请，并付诸实施（此调整个案属于配套设施类项目，故不必再经过 HFVB 委员会审议，只需将结果报 HFVB 委员会备案即可）。

从不完全性看，此个案也属于"发展诉求型"。法定图则编制时，规划主管部门对该地块的用地性质和容积率的界定，与 HP 小学的要求基本达成了一致。只是片区发展对小学教育这一公共服务的需求量逐渐增加，促使 HV 区 LA 局提出了提高容积率、改扩建学校的申请。需要注意的是，此个案用地主体是非营利性的学校，属于公共部门，申请调整是为了更好地提供公共服务，而非获取经济利益。

那么，"发展诉求型"的不完全性能不能通过法定图则编制阶段付出更多的决策成本加以降低呢？从理论上来说是行得通的。但现实中，这种发展不确定性所造成的不完全性，在规划编制阶段很难做出预测，即使预测也可能跟不上形势变化，导致失准甚至偏误。对规划主管部门来说，更理性的选择是在法定图则实施的过程中针对具体调整申请，决定是否同意以及如何调整。

3.1.3 嵌入性合约

在我国城市规划体系下，控规运行并不独立，要受到上位规划（城市总体规划、土地利用总体规划、基本生态控制线等）约束和外部环境（发展思路、产业政策、重大项目进驻等）变化的影响。我们将这种运行特点称为"控规合约的嵌入性"。

在讨论"嵌入性合约"这一概念之前，有必要对源于社会科学领域的"嵌入性"（embeddedness）概念进行概述。20世纪40年代，当新古典经济学家沉浸在以一般均衡为核心的理论模型建构的潮流中，将制度性因素抛之脑后时，出生于匈牙利的经济史学家卡尔·波兰尼完成了他一生当中最重要的著作《大转型：我们时代的政治与经济起源》（波兰尼，2007）。波兰尼提出了"人类经济通常都潜藏于人类的社会关系当中……经济体系嵌入于社会关系"的重要论断。在他眼中，市场这一经济活动的组织方式与其他制度模式相比，并无高下之分，而且在人类历史相当长的时段中，市场虽然存在，却长期处于边缘位置，并受到严厉管制。虽然波兰尼并没有给"嵌入性"一个明确定义，"嵌入性"也并非《大转型：我们时代的政治与经济起源》论述的主线，但这成为波兰尼整体主义方法论的思想基石。波兰尼后来在《作为制度过程的经济》一文中指出，人类经济嵌入并缠结于经济与非经济的制度之中。对经济的结构和运行而言，宗教和政府可能像货币制度或降低劳动强度的工具与机器的效力一样重要（Polanyi，1957）。他认为，将经济生活简化为市场这种唯一的组织形态会忽视其他重要规则，使经济学家的分析存在极大局限性，缺乏比较视野和历史眼光（符平，2009）。

波兰尼的"嵌入性"思想具有开创意义，他对制度与经济绩效深层关联的敏锐捕捉，与后来兴起的新制度经济学高度契合。但因缺乏对"嵌入性"概念的延伸讨论，波兰尼对经济学界的影响非常小，不过对其他社会科学家和历史学家却产生很大影响。尤其是 20 世纪 80 年代，在斯坦福大学的格兰诺维特教授的努力下，"嵌入性"视角重新受到重视，并成为美国新经济社会学的一个基础性概念。

在格兰诺维特看来，主流社会学和经济学受到人类行动过度社会化和不充分社会化概念的束缚，这两种看似极端对立的概念预设，都将人作为原子化的行动者来处理，而忽略了人们之间的社会关系。格兰诺维特在其著名文章《经济行为与社会结构：嵌入性问题》（Granovetter，1985）中主张，应将人的行为紧密嵌入人际关系网络中，这有助于避免过度社会化和不充分社会化的极端观点。基于这一视角可以为新制度经济学组织理论中特别关注的机会主义行为的规避、市场和等级制等问题提供新的理解。格兰诺维特对"嵌入性"的讨论触及了两个基本层面问题的分析：一是社会科学研究人的行动的视角，即以"嵌入性"视角挑战主流社会学和经济学中关于个体行为的基本假定；二是在"嵌入"的具体内容上，把人际关系网络作为要素，从而把社会学研究中的一个主要关注领域引入进来（刘世定，1999）。这两个层面使他不仅提出了新视角，还基于"嵌入性"引出了一条可展开分析的研究进路。这是对波兰尼思想的重要推进。

对比波兰尼和格兰诺维特的"嵌入性"概念，可以提炼出两个重要差别。第一，从研究层次上看，波兰尼取向停留在社会理论层面的判断，虽能带来许多启发，但很难作为理论工具运用到具体研究中；格兰诺维特取向则是一种试图连接宏观与微观的中层理论，更易于在经验研究中运用。第二，就概念内涵来说，格兰诺维特明确了波兰尼所说的"社会因素"，他只关注人际关系网络这一个要素，而未从更繁杂的社会要素展开，这非常有助于厘清研究对象。当然，这也使许多经济社会学者仅专注于对市场进行定量的网络结构分析，对新经济社会学后来的发展造成了一定影响（符平，2009）。

本书对"嵌入性合约"的分析，一方面将延续格兰诺维特的分析取向，旨在从中层理论的尺度展开讨论；另一方面也会突破格兰诺维特只关注人际关系网络的社会因素侧重，转而吸取波兰尼思想中的有益成分，尝试从制度嵌入角度对控规展开"嵌入性"分析。因此，与传统意义上相对独立运行的合约相比，本书提出"嵌入性合约"概念的意义，就在于关注控规运行所嵌入的正式制度体系和外部发展环境。对这种"嵌入"机制和影响进行分析，有助于发掘制度性因素对控规编制和实施具有怎样的约束性和影响力。

鉴于此，本书对"嵌入性合约"做出如下定义：嵌入性合约是一种嵌入于其他正式制度体系、外部发展环境的合约。控规的实施不具有独立性，需要在某些制度约束下运行，且可能受到外部环境变化的影响，甚至进行相应调整。控规的"嵌入性"主要体现在两方面：一是嵌入于规划体系；二是嵌入于城市发展宏观环境。

2006 年颁布施行的《城市规划编制办法》和 2008 年颁布施行的《城乡规划法》界定了控规在我国城乡规划体系中的位置。前者的第二十四条规定："编制城市控制性详细规划，应当依据已经依法批准的城市总体规划或分区规划，考虑相关专项规划的要求，对具体地块的土地利用和建设提出控制指标，作为建设主管部门（城乡规划主管部门）作出建设项目规划许可的依据。"后者的第五条规定："城市总体规划、镇总体规划以及乡规划和村庄规划的编制，应当依据国民经济和社会发展规划，并与土地利用总体规划相衔接。"

从深圳市法定图则在城市规划体系中的位置和运作体系（见图 3.1）便可看出，法定图则嵌入于城市规划的整体框架之中，扮演承上启下的角色。它既通过量化指标将上位规划的原则、意图、宏观控制转化为对城市土地的空间定量控制，也将上位规划偏宏观的管理要求转化为具体的地块建设管理要求，实现规划管理与城市土地开发建设的有机衔接。除了城市总体规划之外，土地利用总体规划、基本生态控制线等也都构成法定图则运行过程中的上位规划，对其具有极强的约束性，控规编制和调整均不能随意突破。

除了上位规划，城市发展宏观环境也对控规运行具有重要影响。其对控规施加的影响，往往需要通过某种制度性方式实现，这恰恰反映出政府治理行为的深层逻辑。外部环境变化引发控规的调整，其推动主体基本是城市政府，这种调整通常具有整体导向性，是为贯彻落实某种发展思路、产业促进政策或重大项目进驻提供规划支撑，而非解决某个地块的局部问题。深圳此类法定图则调整个案并不多，不过 CDN 产业园核心启动区建设涉及的法定图则调整就属此类。

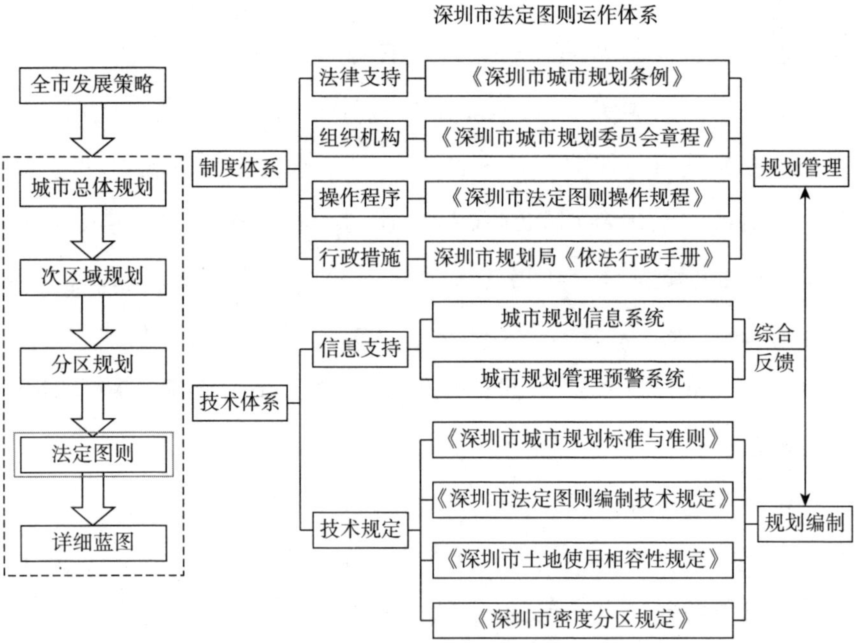

深圳市法定图则运作体系

图 3.1　深圳市法定图则所处位置及其运作体系

资料来源：根据《深圳市城市规划条例》等文件绘制。

深圳市于 2013 年提出"未来产业"概念，并先后将生命健康、海洋经济、航空航天等产业列为重点发展的产业方向。CDN 产业园被定位为未来产业基地，市委市政府要求以"高起点、高标准、高质量"建设该产业园，并确定其核心启动区主要发展航空航天材料、无人机、航空电子、通用航空现代服务等产业。同时，ISNI 研究院、BJB 等多个市政府支持的重点项目也将在这一片区落地。另外，市 LZ 委和 NI 区 LE 局也于 2014 年委托编制单位开展了《深圳 CDN 产业园核心启动区法定图则调整规划》研究工作，该规划已由 NI 管理局审议通过，并按照研究成果启动了法定图则的调整工作。

深圳市 IJIV 委员会接到 NI 管理局申请后，鉴于该片区是市政府和 NI 区重点支持的新兴产业片区，故审议决定进行如下调整：调整部分用地性质，并对园区内道路网根据当时情况进行优化完善；片区内配套居住用地由三类居住用地调整为二类居住用地，作为保障性住房（人才公寓），用于保障园区内技术人员的生活需求；园区内不再安排集中的商业用地，可在居住用地中兼容；从分期实施角度考虑，在园区东侧和西侧各安排一块集中的公共绿地；优化西侧路网结构和用地布局，减少对基本生态控制线的占用和影响；为未来园区产业发展预留弹性，可适当提高片区产业建筑总量上限。

可见，此次调整旨在为促进该片区未来产业发展提供优惠条件，以便更好地贯彻落实市政府大力发展未来产业的新思路。从政府行为逻辑看，当外部环境发生改变，需要落实到空间上的时候，控规往往会通过调整等方式实现与城市发展新思路、新要求的协调。从以上可以总结得出"城市发展战略—主导产业方向—空间选择—规划支撑"的逻辑链条（见图 3.2）。

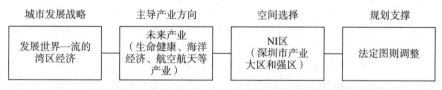

图 3.2　深圳发展未来产业与法定图则调整的逻辑链条

经过改革开放 40 多年的发展，粤港澳大湾区已经成为我国综合实力最强、开放程度最高、经济最具活力的区域之一。这片区域地理区位条件优越、辐射能力强、科技创新实力突出、制度体系开放完备，具备发展世界一流湾区经济的良好基础和条件。在此背景下，深圳市提出加快发展湾区经济的发展战略，依托世界级港口（群），发挥地理、生态环境和产业优势，背靠广阔腹地，沿海湾开放创新、集聚发展，致力于打造具有世界影响力的区域经济体。

在此发展战略下，深圳市确立的新主导产业方向就是未来产业，着力培育生命健康、航空航天、海洋经济等产业，抢占发展制高点。在空间选择上，由于特区内土地资源日益紧缺，位于特区外且土地资源相对丰富的 NI 区逐渐成长为深圳市的产业大区和强区。这使其在布局航空航天、智能装备等未来产业方面有着良好的条件。NI 区也打响了"产业空间保卫战"，对现有工业区改造升级，打造一批能够适应未来产业需求，以特色园区、专业园区为主的优质空间载体，以便形成梯次发展的竞争优势。

这一逻辑链条有助于我们理解控规是如何嵌入城市发展宏观环境之中的。不难发现，政府行为的逻辑顺序是从抽象思维到具体实践，从方向、目标设定到空间落实，即先有城市发展战略的调整，才有主导产业方向的改变，然后再将方向、目标层面的产业导向落实到具体空间上。而规划（尤其是实施性较强的控规）调整是此过程的最后一环，旨在提供规划支撑，更好地服务于城市发展的新思路、新要求。政府的这种行为逻辑使控规嵌入于城市发展宏观环境。

3.1.4 外部性合约

控规作为的就土地开发利用达成的协议，对应着某种利益分配格局。控规调整作为对原合约协议的改变，将带来土地开发利用方式、强度和路网结构的改变，使原有利益格局发生变动。这种变动造成的影响既可能是正向的（如开通道路、设置轨道交通站点、兴建医院和学校或增加公共绿地等），也可能是负向的（如减少公共绿地、降低交通设施和市政设施供给等）。我们将这种影响称为"控规调整的外部性"。与"嵌入性"侧重于控规与外部条件的关系不同，"外部性"偏重讨论控规运行中相关主体利益的协调。

从理论发展看，虽然"外部性"概念在经济学历史上出现得较晚，但一经提出，其蕴藏的理论潜力就迅速被各派经济学者关注。在这一领域，最早做出突出贡献的是新古典经济学泰斗阿尔弗雷德·马歇尔的学生庇古。庇古在其代表作《福利经济学》中详细论述了外部性理论。他指出，在经济活动中，如果某个厂商的经营活动给其他厂商或整个社会造成了不需要付出代价的损失，就出现了外部不经济。当出现这种情况时，市场不能解决问题，因此需要引入政府进行干预，采取诸如征税、补贴等方式消除外部性影响（庇古，2009）。庇古对外部性问题的分析产生了巨大影响，特别是为政策领域的实践提供了理论依据，因此其追随者甚众。

但是，庇古学派一统天下的局面被科斯打破了。科斯讨论了如何解决他人产生有害影响的经营行为问题，例如，某个工厂的烟尘给邻近的财产所有者带来有害影响，应当如何解决。科斯批判了庇古及其追随者提出的诸如要求制造污染的工厂给周边居民赔偿，或是政府根据工厂排出烟尘所导致的危害征税，抑或责令工厂迁出该地区等方案。科斯指出，这些福利经济学派方案的理论支撑是由法律或政府权威判定究竟是哪一方损害了另一方，并对损害方进行"惩罚"。但他们未能从"问题的相互性"来理解这个问题，而事实上，损害是相互的，所以问题的关键在于明确双方的法定权利边界，通过双方之间的交易达成有效率的结果，以化解所谓的"社会成本"。科斯进一步提出，在产权可自由交易且交易成本为零的条件下，无论初始权利如何分配，资源最终都会得到有效率的使用。私人之间会通过产权交易达成有效率的合约，使诸如"外部不经济"的社会成本问题不复存在（Coase，1960）。可见，科斯解决外部性问题的思路是把外部性问题转换成"相互性"的产权问题。这是对庇古理论的一个根本批判，也对新制度经济学产权理论的创立产生了深远影响。

虽然科斯对外部性问题的讨论取得巨大成就，但他提出的产权可自由交易且交易成本为零的假设（斯蒂格勒将此命题称为"科斯定理"）在解释现实生活中广泛存在的"外部性"现象时，还是会碰到一些困难。以科斯定理为基础，张五常进行了有意义的推进。张五常先批判了德姆塞茨的外部性理论，指出私有产权并非德姆塞茨所说是为了内部化"外部性"而达成的一种合约。恰恰相反，存在"外部性"是因为过高的交易费用（为了界定产权所需付出的成本）使各方在产权的边界处留有了一定的"公共区域"，而这种界定成本有时远远高于"外部性"本身带来的损害。因此，社会采用私有产权还是保持公共区域，或是采用其他的合约形式，取决于交易费用的大小。"外部性"的存在是界定各方产权边界的成本太高所导致的（Cheung，1970）。

张五常还提出，如果交易费用太高就会出现以下几种可能的情况：一是没有合约，这可能是由订约成本太高引起的；二是合约不完全，这可能是由完善条款的成本太高所致；三是合约条款不符合经济学中的利润最大化原理，即边际收益等于边际成本。张五常认为外部性是模糊不清的，问题的实质是交易费用。因此应该从交易费用和合约结构着手，研究私人产权和社会成本间的张力问题（张五常，2000）。

实际上，张五常的理论更具现实解释力，尤其能更好地解释为何政府频繁介入企业废气废水排放等外部性问题的处理。其症结在于污染者与被污染者（人数众多，被污染程度各不相同）在产权界定过程中需付出极高的交易费用，致使根本无法通过市场交易达成合约，即处于一种"没有合约"的状态。此时政府显然不能袖手旁观，任由企业排放，因此通常会采取定期检查排放是否达标、征收"排污费"等方式，约束企业的排放行为，让没有"合约"保护的民众利益和公共环境不至于遭到更严重的损害。

因此，本书对"外部性"问题的分析将借鉴张五常的理论，关注控规运行过程中的交易费用与各方达成合约结构之间的关系。一般地，对于申请控规调整的主体来说，提出申请就是为了满足某种诉求。因此，只要调整能够获批，新控规给其带来的影响显然就是正向的。但对其他主体而言，新控规的外部性方向和程度则并不确定。所以，应当注意控规调整给周边用地主体带来的外部性是正向还是负向的，大小程度如何。特别是出现负向外部性的时候，往往直接关系到控规调整过程中其他主体参与（此处为广义的"公众参与"，主体既包括个人，也包括企业、公共部门等各类组织）的积极性和态度。

在我国控规管理中，调整申请主体与相关方缺少直接沟通的渠道，由政府的规划主管部门作为控规调整的"仲裁方"，对各方利益进行协调，并负责处理、回应公众意见，以化解外部性造成的利益不均，保证新控规的公平性和有效实施。可见，我国的规划管理中各利益相关主体鲜有展开科斯意义上的产权交易。按照张五常的理论，这种高昂交易费用对应的合约结构是一种"没有合约"的状态。因此，政府毫无悬念地扮演了拥有强制执行力的第三方角色，维持城市规划建设活动的基本秩序。

事实上，在大多数的城市规划建设活动中，让各利益主体就产权界定问题进行市场交易，并不具有现实可行性。这一问题在欧美国家的早期城市建设中就出现了。工业革命后，城市化不断推进、城市人口持续攀升的时代背景，要求各国解决合理利用城市土地资源、有效指导城市开发建设的问题。尽管市场经济国家强调个人权利和私有财产的不可侵犯，并把大多数资源交由市场机制进行调节；但在城市土地资源的开发利用上，各国均出现了不同程度的拥挤、公共健康受损、安全隐患、环境污染、社会矛盾加剧等问题（Hall，2002；Howard，2009）。最具代表性的就是19世纪中期的英国城市，恩格斯曾在《英国工人阶级状况》一书中进行过描述（恩格斯，1956）。这说明，仅仅依靠市场调节不仅难以实现城市土地的有序开发利用，还会对城市经济社会的可持续发展造成诸多消极影响。

鉴于此，欧美发达国家对城市土地利用和开发建设采取了控制性管理手段，如美国的区划法、英国的地方规划、德国的建造规划、日本的街区规划及用途地带管制等。时至今日，控制性层面的规划仍然是世界各国常用的规划控制手段，具有很强的管理效力。如果对城市土地开发活动造成的所谓"外部性"，通过市场交易机制加以解决的话，要面临的不仅是交易成本问题，还有可能出现交易各方为实现既增加自身利益又保证对方利益的目标，竞相开发甚至混乱开发的后果。从城市长远发展角度看，市场性的土地开发主体通过自由交易解决外部性问题，存在极高的风险。因此，从世界范围看，政府扮演具有强制力的第三方角色是一种通行做法，以便解决各主体之间处于"没有合约"状态可能产生的利益纠葛。

由深圳市法定图则局部调整个案可知，控规调整产生的外部性可以分为两大类。第一类是规划主管部门要求申请主体做出预估的潜在外部性，如交通影响、环境影响、市政设施影响、日照影响等。这些外部性具有一定确定性，因此通常要求申请主体先行处理。第二类是调整方案确定后（尤其在公示期间）收到的各类意见，如损害周边主体的土地权益、影响生产生活等。这类意见相对较难做出预估，带有不确定性，因此需要规划主管部门针对特定意见做出处理决定和情况说明。

一般来说，前者所反映的交通影响、环境影响、市政设施影响可以通过科学测算得出调整后的影响程度，并可根据测算结果进行优化建设，满足调整后需要，尽量减少对原占用主体的负面影响。因此这种"技术性"的外部性，在申请调整前就会做出有效评估和积极应对。相对地，后者就不属于能够通过科学测算加以规避的外部性了。只要对特定主体造成损害，就可能招致利益受损方的反对，即使这一调整对片区乃至整个城市具有积极意义。此时，规划主管部门如何处理多方之间的利益协调问题，找到相对合理的调整方案，使调整后的控规能够顺利实施，就成为值得关注的问题。需要指出，本书讨论的外部性，主要关注产生负面影响的"外部不经济"。

3.2　控规调整的合约分析框架

基于上文对控规合约属性的提炼，我们可以从四个维度出发构建控规调整的合约分析框架（见图 3.3）。从这四个维度出发审视控规调整个案，有助于洞悉本质，深入理解控规调整过程所蕴含的主体行为特征和内在逻辑。

第一，调整目标——利益诉求属性。在分析一个控规调整个

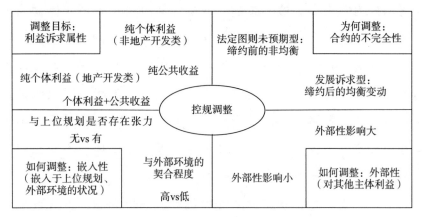

图 3.3 控规调整的合约分析框架

案时，应从调整申请主体的利益诉求着眼，审视其申请调整的目标指向。如前文所述，利益诉求属性可归纳为四类：纯个体利益（非地产开发类）、纯个体利益（地产开发类）、个体利益+公共收益和纯公共收益。这四类利益诉求通常对应着不同的申请主体，而不同申请主体的土地权属情况、开发利用方式也不尽相同。因此，开展控规调整分析前，应对相关背景信息有全面的了解。值得一提的是，有些申请调整控规的主体属于政府内的职能部门或公共事业单位。在分析时应注意，这些公共部门是作为用地单位出现的，需与作为利益协调"仲裁方"的规划主管部门区别开来，以避免对政府角色的混淆。在辨别调整目标时，应关注如下问题：申请主体是谁？该主体的利益诉求属性是哪一类？该调整涉及的土地权属情况、开发利用方式等相关背景有什么特点？这些是否以及怎样影响调整结果？

第二，为何调整——合约的不完全性。如前文所述，控规合约的不完全性是调整的深层动因，这种不完全性可分为"法定图则未预期型"和"发展诉求型"两类。其中，前者的不完全性源于控规合约缔结时未解决的某些遗留问题，即控规在缔约前就是非均衡的。这些遗留问题将或多或少地在控规实施阶段显现出来，解决的方式通常就是调整控规，以重新协调各方利益，保证规划实施。这里蕴含着控规管理中重要规律，即编制阶段的决策成本和运行阶段的实施成本存在替代关系。因此，在分析"法定图则未预期型"个案时，应弄清楚如下问题：控规缔约时遗留的问题是什么？为什么在制定阶段没有妥善解决？未付出的决策成本是什么？调整中蕴含怎样的主体行为策略和互动逻辑？相对地，后者的不完全性主要是由缔约主体的有限理性所致。尽管控规在制定时已经达成了相对均衡，但人们不可能预料到未来的各种可能，即使想规定"什么情况下可以调整、如何调整"，也很难考虑周全。特别是在城镇化高速发展、城市建设日新月异的背景下，多数城市更倾向于根据实际情况处理调整申请，对控规是否调整、如何调整问题采取一事一议的态度。因此，在分析"发展诉求型"个案时，应关注如下问题：申请主体是谁？这种发展诉求是市场驱动的，还是公共部门的？为何会出现新的发展诉求，背后的动力何在？规划主管部门面对不同类型的发展诉求型调整申请，如何做出回应？这种回应有什么特征？

第三，如何调整——嵌入性。如前文所述，控规调整过程中，上位规划和外部环境构成了重要约束条件。从性质看，前者属于"正式制度"约束，因为《城乡规划法》等法律法规已经对控规在城市规划体系中的位置做出了明文规定，在规划管理过程中也有相应制度安排，所以属于"显性约束"。后者则是"非正式制度"约束，虽然没有法律法规的明文要求，但在控规的实际管理中，城市发展思路、产业政策导向、重大项目进驻等城市发展宏观环境变动，将对控规能否调整、如何调整产生直接影响。既可能使一些市场主体的调整申请更易获得批准，也可能促使政府力主调整控规，以保证特定区块的土地开发利用符合城市发展的新思路、新要求。从作用方向看，这两种嵌入性恰恰相反——嵌入于上位规划，使控规调整面临诸多约束，不能突破，要先对上位规划进行调整，才能调整控规；嵌入于外部环境，则为控规调整提供了动力来源和调整方向的参考。因此，在分析控规调整个案的"嵌入性"时，应关注如下问题：嵌入性属于哪一类，是约束性还是促进性的？在约束性方面，控规调整与其嵌入对象有无张力？在促进性方面，与外部环境的契合程度对调整结果有何影响？

第四，如何调整——外部性。如前文所述，控规调整在给申请主体带来正收益的同时，可能会对其他主体造成利益损害。在外部性较大时，往往会招致利益受损方的反对。此时，规划主管部门需要处理好反对意见，协调多方利益诉求，并从统筹个体利益和公共利益、眼前利益和长远利益的角度，寻求具有较高稳定性和可操作性的新均衡。此外，控规调整还存在一些可以做出预估的外部性，如交通影响、环境影响、市政设施影响、日照影响等，这些外部性能根据测算结果进行技术性优化，以满足调整需要并降低负面影响。鉴于此，在分析控规调整个案的外部性时，应关注如下问题：控规调整对特定主体造成的外部性程度如何？调整申请主体对预测的外部性提出了怎样的优化方案？规划主管部门面对公众意见时如何处理？其处理结果形成了怎样的新均衡？这一过程蕴含了什么特征？

基于以上关于为何调整（两种不完全性，三种具体形式）、调整目标（四种利益诉求属性）、如何调整（与上位规划、外部环境两种嵌入对象的张力大小，调整造成的外部性程度）的分析，可以把控规调整的个案分析通过图3.4的方式划分为四个主要维度。

从理论上说，按照 3×4×4×2 的算法，能够区分出 96 个控规调整类型。但现实中并非每一种符合理论设想的个案都存在，也并非所有类型蕴含的理论和现实意义都值得深入挖掘。因此，根据对深圳市法定图则局部调整个案的整理，在接下来的案例研究章节，我们将选取有代表性意义的个案进行深入讨论。

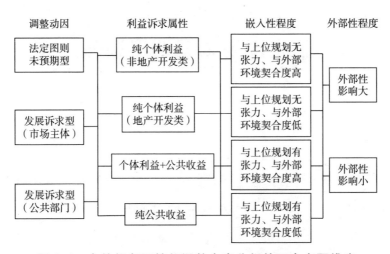

图 3.4　合约视角下控规调整个案分析的四个主要维度

第4章

法定图则未预期型调整

4.1 基本情况与主要特征

回顾历史中深圳市法定图则局部调整的典型个案可以发现，以解决遗留问题为调整动因的个案数量并不是很多。根据调研与访谈获取的深圳市 EUIJ 委员会法定图则局部调整情况，2011～2014 年，法定图则未预期型的调整个案分别为 9 个、6 个、12 个和 7 个（这 4 年法定图则局部调整个案的总数分别为 61 个、77 个、108 个和 101 个），仅占每年调整总数的 5%～15%，可将此类调整的特征归纳如下。

从利益诉求主体看，原农村股份公司是提出调整申请的主力军，占了一半左右。除了原农村股份公司，一些存在征地未返还、未落实收地补偿等遗留问题的企业，也是通过申请调整法定图则寻求自身利益的重要主体。值得注意的是，区级规划管理部门日渐取代原农村股份公司，成为法定图则未预期型调整的申请主体。

之所以出现这种转变，主要是因为原农村股份公司为了更迅速地解决问题，经常到市政府表达诉求。当上级领导对其问题给予足够重视，并要求市规土委妥善解决时，法定图则调整的可能性将大大增加。这种动力传导机制使相关管理部门按照市政府、深圳市 IJIV 委员会的要求，站在解决遗留问题的角度提出调整申请。此外，也有些公共部门为了解决本部门或本辖区在城市发展过程中的遗留问题，扮演利益诉求方的角色。

在利益诉求属性方面，纯个体利益和纯公共收益诉求的个案非常少见，最常见的是"个体利益+公共收益"诉求的个案。市场主体这样做，多是出于提高调整申请获批概率的理性考虑。规划主管部门则要在解决遗留问题与片区长远发展方面找到均衡，因此通常会在满足个体利益的同时照顾到公共收益。在具体操作上，常见做法是在调整方案中要求获益主体配套建设小学、幼儿园、养老院、社区服务站、警务室、公共道路、绿地等，或是无偿贡献一定比例（如15%）的土地或建筑面积给政府。

在遗留问题上，最核心的就是土地问题。个案中既有原土地出让合同与规划存在冲突的情况，也有征地返还、征地补偿、拆迁安置等规划落实问题。从规划主管部门角度看，这种调整既有利于一揽子解决原有的土地问题，减少社会矛盾，又能通过调整腾挪出一些空间促进片区发展。这是区一级管理局主动解决遗留问题的重要动力之一。除了土地问题，还有少数个案的遗留问题是法定图则制定时预留了一定弹性空间，或是因发展前景不明未设置明确的容积率，但此类情况并不多。此外，也有一些个案解决的遗留问题与土地权属、规划要求并无直接关系，而是借助规划调整解决其他问题。

在嵌入性和外部性方面，多数个案服从于上位规划要求，且调整造成的外部性影响较小,主要是技术上可预测和优化解决的,损害其他主体利益的情况较少,这也使申请比较容易获批。有少数个案调整造成的外部性影响较大,或是与上位规划要求存在明显张力(常见的是与土地利用总体规划或基本生态控制线存在冲突)。此类个案能够获批,要么是遗留问题拖的时间比较久,申请主体通过多种方式表达利益诉求,迫使规划主管部门解决;要么是调整个案与城市发展宏观环境的契合度较高,对片区发展有利,获得了规划主管部门的认可。此外,有极少数个案出现了与上位规划存在明显张力且外部性影响较大的情况。此类个案虽然也可能获得批准,但在执行阶段往往会遭遇阻力。阻力来自利益受损方的反对,有可能引起上级部门关注。后文将详细讨论这一问题。

由于在利益诉求属性上主要表现为个体利益+公共收益,因此嵌入性和外部性成为法定图则未预期型调整个案的重要差别。接下来,我们将从这两个维度切入,对深圳市 2015 年的 2 个法定图则未预期型调整个案进行深入分析。其中,一个是无嵌入性张力、有正面作用的个案,另一个是有嵌入性张力、外部性影响大的个案。

4.2 无嵌入性张力、有正面作用的个案

4.2.1 规划和当时情况

NAUA 股份有限公司返还用地涉及的规划调整属于无嵌入性张力、有正面作用的典型个案,我们将其简称为"NA 个案"。

在 2009 年公布的相关法定图则中,PU 区为其所在片区设定的发展目标是:利用地区特定的区位及自然优势,建设具有鲜明山

海城市特征，集高档居住、商业办公、自然生态公园、高科技创业园区于一体的综合性地区。功能定位是：具有郊野性质的文化市政公园、居住及配套、高科技研发基地和重要的港口门户地区。

在此发展目标和功能定位指引下，法定图则将本个案涉及的 2 个地块的用地性质规划为游乐设施用地，容积率都是 0.3。另外，为了配合游乐设施建设，规划主管部门还在 2012 年对土地利用总体规划进行了调整，将位于限制建设区的农用地调整为允许建设区的城镇建设用地，并将上述区域从基本生态控制线中调出，以便进行开发。但此次调整后，局部区域（约 1900 平方米）仍位于限制建设区。从当时的情况看，该区域并未建设游乐设施，一个地块部分为停车场，部分为荔枝林；另一个地块则为未报建的工业区（属于"违建"）。规划与建设情况存在巨大差异，土地权属遗留问题是症结所在，这也成为法定图则调整的内生动力。

从土地权属看，2 个地块是 NA 社区（原 NA 村）获得的征地返还用地，征用 NA 社区土地的主体是 UBPA 公司。征地问题可以追溯到 20 世纪 80 年代。UBPA 公司于 1984 年 8 月成立，是大型中外合资企业。深圳市为支持 UBPA 公司发展，从 1984 年到 1995 年批准其先后征用了 NA 社区 6000 多亩（约 400 万平方米）的土地。

这种合作关系一直持续到 2003 年，双方协议共同开发的土地还剩下 7 块。但 UBPA 公司于 2004 年决定退还尚未开发的用地给 NA 社区，双方经过协商达成初步协议，但未签订土地使用合同。由于当时该片区没有编制法定图则，因此也未涉及用地性质和功能，也未规定容积率。2009 年 11 月，该片区法定图则公布，规划主管部门考虑到这一片区周边主要为二类居住用地，居民数量较多，附近缺少大型游乐设施，故将相关用地规划为游乐设施用地，容积率为 0.3。

法定图则进行公示时，NA 社区并未提出反对意见，这与当时的宏观背景密切相关。2009 年金融危机时期，全国经济形势急转直下，深圳也未能幸免，处于发展"低潮期"。NA 社区对 2 块返还用地的开发前景并不乐观，进行地产类开发的意愿不太强烈，因此并未对 2 个地块的规划安排提出太多异议。但是规划的大型游乐设施并没有在这 2 个地块中出现，因为土地的实际控制权仍掌握在 NA 社区手中，而 NA 社区根本没有打算建设游乐设施，而是在观望，等待更好的机会和开发选择。随着宏观经济形势的好转，深圳迎来新的机遇，尤其是房地产市场日益红火，房价涨势良好，NA 社区的开发诉求重新燃起，推动了所在区域法定图则相关地块的规划调整。

4.2.2　调整申请及协商过程

2014 年初，NA 社区向负责 PU 区规划管理事务的 FT 直属管理局提出了调整相关地块的用地性质和容积率的初步想法，希望将用地性质调整为二类居住用地，容积率提高到 3.2。FT 直属管理局了解其调整诉求后，委托深圳市 HBAL 中心进行了研究。经过研究，HBAL 中心给出的意见是可考虑将游乐设施用地调整为二类居住用地和游乐设施的混合用地，容积率从 0.3 上调为 1.0。在深圳市 IJIV 委员会业务会议召开后，FT 直属管理局与 NA 社区进行了沟通协调，最终确定容积率为 2.5，加之深圳房价自 2015 年初便处于蹿升态势，这个容积率基本满足了 NA 社区的诉求，因此同意了深圳市 IJIV 委员会业务会议审议通过的调整方案。

一个月后，深圳市 IJIV 委员会网站在 2015 年 11 月 11 日向社会进行了"关于地块规划调整的公开展示"。这份最终公布的调整方案，基本遵循了深圳市 IJIV 委员会业务会议的审议意见，只是对配套 36 班小学的地块形状进行了微调（在原位置上，从正方形变成了长条形）。值得一提的是，最终位于土地利用总体规划限制建设区内的约 1900 平方米区域被调出了法定图则的地块。对 NA 社区来说，这部分"损失"的面积也由于容积率的提高获得了补偿，因此并未提出异议。

不难看出，深圳市 IJIV 委员会业务会议是整个法定图则调整过程中的最后一道关口。其审议通过的方案往往具有决定性，会在最终的规划调整中付诸实现。

4.2.3　外部性——交通评估优化与周边居民支持

从外部性角度看，由于这一调整项目把原来建设为停车场和工业区的用地改为具有 2.5 容积率的二类居住用地和一个 36 班小学，带来了较大的建筑面积增量，因此显然有必要对新增的交通需求进行预测评估。

现有交通条件主要包括两方面：一是道路交通，主干道有 XJ 大道和 ANY 大道，次干道有 SJ 路，支路有 AU 路和 IS 路；二是轨道交通，深圳地铁五号线南延段将在 IS 路和 SJ 路交叉口设 FPU 站，该站距离此项目约 350 米，能有效提供轨道交通服务。道路交通运行总体状况良好，项目地块周边主要出入节点 90% 左右处于 A 级、B 级或 C 级，负荷较小。有 2 处转向交通服务水平为 E 级，1 处为 F 级，运行负荷较重，但对整体交通情况影响较小。

针对现有交通条件和道路交通运行情况，NA 社区委托技术研究单位基于容积率最高预期上限的规模测算了新增交通量，并提出了 9 条主要改善措施。此外，技术研究单位还提出，在主要交通信号灯交叉口通过优化信号灯配时、拓宽交叉口等措施，纾解交通压力；在地铁出入口设置上，将 4 个出入口结合 AU 路和新建项目内部道路布设，以便更好地服务居民乘坐地铁。由此，技术研究单位得出结论：通过如上改善措施，项目产生的交通影响处于可接受范围内。上述评估结果和优化措施也获得了规划主管部门的认可。

既然交通影响已经处于可接受范围内，那么调整会对周边居民产生负面影响吗？答案是否定的。自 2013 年 1 月开始，邻近的住宅和社区的业主们，就不断投诉附近的货柜车和大巴停车场。

因此这次法定图则调整，既解决了 NA 社区征地返还用地的开发诉求问题，也从根本上解决了周边居民诟病已久的停车场噪声和粉尘污染问题，对改善周边环境、提升周边居民生活质量具有显著的积极影响。此外，NA 社区即将配套建设的 36 班小学、9 班幼儿园等公共服务设施，对于解决周边居民子女的就近入学问题，作用也非常明显，颇受欢迎。正是由于上述利好性的改善，该调整个案在公示期间未接到反对意见，顺利通过。因此，从调整造成的外部性影响看，本调整个案不仅没有损害周边居民的利益，还带来了一些实惠，属于有正面作用的规划调整。

4.3　有嵌入性张力、外部性影响大的个案

4.3.1　规划和当时情况

与 NA 社区的调整个案不同，地铁 VT 站上盖开发涉及的规划调整，属于典型的有嵌入性张力且外部性影响大的个案，我们将其简称为"VT 站个案"。

根据 2005 年 8 月公布的相关法定图则，PU 区为其所在片区设定的总体发展目标是：严格划定 VN 山郊野公园范围，适当布置现

代都市生态型观光游览用地；VN 山周边的用地以中、低强度开发为主，避免对山体景观轮廓的破坏。功能定位是：依托 VN 山郊野公园和大型市政交通设施的建设，规划功能完善、环境优美、配套设施完备的现代化居住社区，同时合理建设为全市服务的大型公共和市政基础设施。

在此发展目标和功能定位的指引下，法定图则将本个案所涉及的 10 个地块（总用地面积约 32 万平方米）的用地性质规划为生产防护绿地、林地，以及少量交通设施用地、供应设施用地、政府社团用地和道路用地。

从土地权属看，这一地区涉及调整的 10 个地块内有 2 处已出让用地，用地主体分别是市 NJIN 处和市 FSYZ 中心。VFBD 局正在与这两家单位协商，为法定图则调整厘清土地权属。同时，右侧还有一块待处理用地，建设为停车场。其他区域基本为生产防护绿地、林地。在涉及调整的地块之外，西北和西南侧为居住用地 ZTA 小区和市 FNLU 公司的公交设施。

此次调整旨在解决的遗留问题，是轨道交通建设带来的征地问题。被征地的 VT 采石场主要由 NL 公司经营管理。为解决 NL 公司征地返还需求，VFBD 局委托 HBAL 中心编制了《NL 公司征返用地选址规划》。后经深圳市 IJIV 委员会 2014 年办公会审议，确定 NL 公司返还用地在 VT 站上盖项目用地中选址。在保证 VT 站上盖项目用地总建筑量不变的基础上，NL 公司原农村集体返还用地的居住用地容积率，将参照深圳市 IJIV 委员会最新报送的《关于征地历史遗留问题处理和收地补偿的若干规定（试行）》中相关要求执行，超出 3.2 部分的建筑量安排在 VT 站的上盖项目。深圳市 IJIV 委员会还提出，相关部门抓紧启动法定图则调整工作。这直接推动了相关法定图则的大规模调整。

4.3.2 调整申请及审查过程

深圳市 IJIV 委员会要求负责 PU 区规划管理事务的 FT 直属管理局负责相关法定图则 10 个地块的规划调整工作，FT 直属管理局很快便提出了调整申请。

在申请中，FT 直属管理局贯彻了"地铁上盖综合开发规划设计研究"要求，将规划功能由以生产防护绿地、林地为主调整为二类居住、商业服务业和小学。FT 直属管理局将方案提交到深圳市 IJIV 委员会，又按照深圳市 IJIV 委员会的要求，为配合此次法定图则调整，于 2015 年 5 月提出了基本生态控制线调整的方案，并获得深圳市 IJIV 委员会的同意。2015 年 6 月 6 日，深圳市 IJIV 委员会网站向社会公示了基本生态控制线的优化调整方案。公示指出，因城市建设需要，拟对 PU 区 VA 街道 NI 社区部分地块开展基本生态控制线优化调整，调整后基本生态控制线总面积略增加。就在同一天，深圳市 IJIV 委员会网站也对此次法定图则涉及的规划调整进行了公示。

4.3.3 外部性——邻避效应

"VT 站个案"涉及的法定图则调整，将新增 38.9 万平方米的总建筑面积，且涉及原位于基本生态控制线内的部分生产防护绿地、林地。因此，这次调整一方面将对周边交通和市政设施的利用产生明显影响，另一方面会招致附近居民的反对。

4.3.3.1 交通及市政设施的评估与优化

在交通方面，FT 直属管理局委托 HBAL 中心完成了交通规划方案。方案首先对项目的道路交通影响进行了评估，测算出调整后的早高峰交通量为 617 标准车/时，轨道交通出行 968 人/时；出

行分布预测主要是 HV、PU 和 DC 三个方向，以 HV 为主，约占
55%；主要的三条道路分别承担 40%、40% 和 20% 的交通量，饱和
度分别为 0.65、0.7 和 0.9。

基于测算结果，方案给出如下优化建议：①第一条道路增加辅
道，项目出入口设置在辅道上；②增加项目与第二条道路连接的双
向进出匝道，分担第一条道路的交通压力，并建议其中一个立交增
设左转匝道，解决项目西向交通进入问题；③完善项目内部支路
网系统，改善内部微循环；④在项目内增设公交场站，并完善与
轨道车站的衔接，注重步行系统的安全性、可达性和舒适性。

根据上述方案，得出的结论是法定图则调整后的交通条件可
以支持项目的开发规模。具体来说，项目位于地铁车站核心区域，
轨道交通服务水平较高，可以满足一部分交通需求；项目周边地
面道路机动车流量有所增加，但新的道路设置和改善方案能够保
证主干道的服务水平，并且随着公交、轨道交通的建设，道路交
通压力将会缓解。

在市政设施方面，FT 直属管理局也专门做了规划研究。首先
分析了现有市政设施的支撑能力，发现配套市政管线欠缺。不过
在场站设施方面，调整后地块新增的水、电、气需求规模尚未达
到单独建站的标准，周边的市政设施有一定富余量，可以满足地
块的新增需求。鉴于此，市政设施规划方案在给水、电力、通信、
燃气方面，只需选择合适的接入线路即可，不需要新增或改善。
唯一的优化建议是排水，建议扩容 d400 污水管道至 d500 标准，以
满足地块排水需求，集中收集片区污水送至 PU 污水处理厂处理。

4.3.3.2 邻避效应及事态进展过程

然而，与交通、市政设施评估及优化方案的顺利通过形成鲜
明对照，基本生态控制线的优化调整和法定图则的规划调整在面

向社会公示后，引起了附近居民的反对。

ZTA 小区于 2008 年建成，属于这一片区的高端楼盘。该小区分为南区和北区，两地块中间有一片绿地，规划用地性质是生产防护绿地、林地。后来，深圳市 IJIV 委员会在规划调整中将该地块从基本生态控制线的范围调出。在了解到上述规划调整信息后，业主们通过各种方式表达了不满。由于此次调整造成的外部性影响较大，截至调研工作完成时，VT 站项目涉及的法定图则调整仍未能实施。

第 5 章

市场主体发展诉求型调整

5.1 基本情况与主要特征

与以解决遗留问题为动因的调整相比，市场主体发展诉求型的调整更多一些。根据深圳市 EUIJ 委员会法定图则局部调整情况，2011~2014 年，市场主体发展诉求型的调整个案分别为 11 个、25 个、20 个和 35 个（这 4 年法定图则局部调整个案的总数分别为 61 个、77 个、108 个和 101 个），占每年调整总数的 20%~35%。本章从 2014 年的 35 个调整个案中挑选出了 8 个具有代表性的个案，并将市场主体发展诉求型调整的特征归纳如下。

从利益诉求主体看，大多是民营企业、外资企业，国有企业和原农村股份公司较少。这与深圳市非公有制经济活跃的大环境密切相关。从产业门类看，主要集中在高新技术产业和房地产业。由于调整源于企业自身的发展诉求，而非解决遗留问题，因此企业极少利用引起市政府重视，由其向规划主管部门施压，以解决利益诉求的动力传导机制。大多数个案的申请主体就是企业自身。

在利益诉求属性方面，纯公共收益和纯个体利益（地产开发类）诉求的个案基本没有。毕竟对于市场主体而言，纯公共收益的调整无法激发其调整的兴趣。最常见的利益诉求属性是个体利益+公共收益。即使有些市场主体的利益诉求在于地产开发，但在实际申请时也非常注意个体利益和公共收益（如配套建设各类设施或贡献用地）的兼顾。究其原因，在于地产开发类的申请涉及巨大利益，容易引起社会广泛关注，能够获批的申请大多需要与保障性住房项目挂钩。当然，一些非地产开发类企业提出申请就是为了给企业运营提供更大的空间，这类纯个体利益（非地产开发类）的调整之所以能够获批，既可能是因为其做出巨大贡献而享有特殊地位，也可能是因为企业主营业务与深圳市产业导向高度契合，或是被确定为国家、省市重大产业项目。现实中，规划主管部门很看重调整申请与城市发展宏观环境的契合度，申请主体从事的市场经营业务符合片区发展要求和城市产业导向，是申请能获批的重要影响因素。

申请主体的谈判地位与调整结果高度相关。虽然同为市场主体，但各企业与规划主管部门协商时，谈判地位上的差别非常明显。谈判地位较高的企业显然拥有更强的话语权，其申请内容也通常能"不折不扣"落实；而谈判地位较低企业提出的申请虽然也能通过，但其诉求往往会被"打些折扣"。

在调整个案所处区位方面，多数集中在原特区外的 DC 区、NI 区、HJ 区、IO 区和 RU 区，少数发生在原特区内的 PU 区、HV 区。2010 年 5 月，中央批准深圳特区范围延伸至全市，深圳市也先后设立了 4 个新区（HJ 区、IO 区、RU 区、FR 区），并在基础设施建设、营商环境打造与优惠政策倾斜等方面给予了大力支持。

在此背景下，原特区外企业的"后发优势"愈加显现。因此，原特区外提出法定图则调整申请的市场主体数量较多，就不难理解了。

在嵌入性方面，大多数个案服从于上位规划的要求，并未和城市总体规划、土地利用总体规划、基本生态控制线等产生矛盾。从规划主管部门角度看，为了满足市场主体发展诉求而"大动干戈"地调整上位规划，显然要付出很大的交易成本，还可能无法说服市政府，致使调整失败。

在外部性方面，调整造成的外部性影响主要是交通、市政设施等在技术上可以预测并优化解决的，损害其他主体切身利益的情况很少，因此在公示期间很少收到反对意见，即使有也属于较容易解决的。事实上，如果市场主体发展诉求型的调整申请引起其他利益主体的不满，规划主管部门在审查过程中就会指出。当影响可控并能有效解决时，才可能会让其重新调整方案，以降低负面影响；当负面影响很大时，规划主管部门很可能直接拒绝调整申请，不予同意。可见，与法定图则未预期型调整不同，面对市场主体发展诉求型的调整申请，规划主管部门在企业个体利益和周边公众利益的权衡上，通常偏向于后者，在可能激起更大范围的反对时，更是如此。例如，房地产开发商在房价高企的大环境下申请提高容积率，可能被公众质疑规划调整存在以权谋私等不公正问题，即使配套建设再多的学校、道路、绿地等公共服务设施，也很难过得了"公众关"。

由于在嵌入上位规划方面没有张力，因此嵌入城市发展宏观环境的程度和外部性程度成为此类调整的关键。接下来，我们将从这两方面出发，对深圳市2015年的3个市场主体发展诉求型调整个案进行分析。其中，2个同属于基本无外部性影响的个案，由于二者在与城市发展宏观环境契合度和申请主体谈判地位上存在明显差别，因此规划主管部门的审批意见不尽相同；1 个属于外部性影响较大的个案，其获批是因为与城市发展宏观环境契合度较高，并妥善处理了各方意见。

5.2　基本无外部性影响的个案

5.2.1　个体利益+公共收益、契合度高的个案

5.2.1.1　规划和当时情况

BUL 集团开发 VBY 片区涉及的相关法定图则的 11 个地块的规划调整，属于利益诉求属性为个体利益+公共收益、基本无外部性且与城市发展宏观环境契合度高的典型个案，我们将其简称为"BUL 个案"。

如前文讨论"NA 个案"时提到的，2009 年公布的法定图则将这一片区的发展目标确定为利用地区特定的区位及自然优势，建设具有鲜明山海城市特征，集高档居住、商业办公、自然生态公园、高科技创业园区于一体的综合性地区。功能定位是具有郊野性质的文化市政公园、居住及配套、高科技研发基地和重要的港口门户地区。具体而言，法定图则将个案涉及的 11 个地块的用地性质主要确定为商业性办公用地、港口用地、生产防护绿地等，容积率为 1.5 或 3.5。

5.2.1.2　充分的调整理由与规划主管部门的大力支持

从上位规划看，《深圳市城市总体规划（2010—2020）》给 PU 区确定的发展目标是重点发展高新技术、教育科研、文化创意和现代物流等产业和区域旅游服务功能。UM 工业区的此次调整申

请着力打造的 VBY 片区项目，响应了城市总体规划要求，试图利用邮轮母港的交通优势，发展物流、商贸、文化、教育、医疗等功能，为 SJ 中心提供有效的补充。可见，此次调整不仅与上位规划没有张力，而且高度满足片区发展需要。在申请原因方面，UM 工业区给出了 4 个理由。

（1）区域发展对基地提出了新要求。2014 年 12 月，该片区被国务院正式列入自贸区，SJ 中心已被确定为未来深圳发展的核心区域，UM 工业区也将迎来功能转型升级的重要机遇期。在新的发展背景下，有必要重新审视 VBY 片区的发展定位和功能定位。

（2）用地条件变化提出新要求。2011 年 6 月，VBY 片区及其填海地区完成项目的土地挂牌工作，2011 年 12 月，BUL 集团与深圳市政府签订了土地出让合同。在此背景下，有必要借助规划调整，对该片区的空间、交通等进行系统优化。

（3）由交通末梢转变为集海、陆、空、铁于一体的海上门户。此片区以往的对外交通主要依靠一条轨道交通线及两条主干路，基本处于交通末梢，人流到达率低。但随着两条新增轨道交通线在片区选址建设新站点，以及快速通道的开通，此片区可迅速通达机场和高铁站点。邮轮母港的开通将使 VBY 片区形成集海、陆、空、铁于一体的交通网络。

（4）滨海休闲带、UM 人文圈对空间品质及文化内涵提出新要求。随着深圳市经济社会发展转型，滨海岸线正在从生产型岸线转变为生活型岸线。作为 15 公里滨海休闲带端点，原有的用地布局及空间架构已经不适应活力滨海岸线的需求。由滨海休闲带、南海意库、海上世界等构成的 UM 人文圈，集聚了深圳本土文化及国际文化交流的平台。VBY 片区作为滨海第一站，需要融入更多的人文基因，这对片区新的业态构成和空间品质提出了更高要求。

　　UM 工业区向规划主管部门提出了调整法定图则的申请，涉及 8 个地块的用地性质、面积和容积率等。UM 工业区希望借助规划调整重构 VBY 片区。它们的目标很远大，既包括实现企业在物流、商贸、地产等方面的经济利益，也包含带动整个滨海区域的发展。对规划主管部门来说，调整的潜在公共收益绝不局限于控制单元配套建设的各类公共服务设施，还包括整个片区环境改善、品质提升带来的发展机遇。更重要的是，申请主体是实力雄厚的老牌央企，它们从 20 世纪 80 年代就开始在该地区经营发展，拥有充裕的土地储备和强大的资金实力，必然有能力推动 VBY 片区的加速发展。

　　由"BUL 个案"的申请过程可知，其利益诉求属性是个体利益+公共收益，既有滨海片区开发给企业带来的经济效益，也为整个 VBY 片区优化提升提供了一次绝佳机遇。这样的高端定位非常符合深圳市对该片区的发展要求，而且物流、商贸、文化、教育和医疗等产业方向和高端公共服务，也一直为深圳市和 PU 区所重视。可见，此次调整与城市发展宏观环境的契合度很高，而且造成的外部性很小（因为整个地块都属于 UM 工业区，且周边也无居民区），只要对环境、交通和市政设施影响进行有效评估并优化解决，就不会遇到其他阻力。

　　可见，对于谈判地位较高的申请主体来说，当其利益诉求属性为个体利益+公共收益，开发利用方式与城市发展宏观环境契合度较高，且造成的外部性较小并基本可控时，规划主管部门通常会非常支持其申请，而且几乎不会提出更多要求。

5.2.2　纯个体利益、契合度低的个案

5.2.2.1　规划和当时情况

深圳市 LF 实业有限公司申请提高容积率涉及的法定图则的规

划调整，属于利益诉求属性为纯个体利益（非地产开发类）、基本无外部性、与城市发展宏观环境契合度低的典型个案，我们将其简称为"LF 个案"。

由于历史原因，规划调整涉及片区在法定图则编制前就布满了各类工业企业。法定图则中仍以工业用地居多，且多数地块未确定容积率，备注为"现状保留"。这说明法定图则编制时虽然设定了良好的远期发展目标、主导功能和发展策略，但也不得不尊重原用地主体的开发使用方式。完全达到规划目标要付出极高的"缔约成本"，甚至高到无法顺利通过法定图则。因此，该片区当时的情况与规划目标存在较大差距。具体来看，调整个案所处的地块，用地性质规划为一类工业用地，容积率未定，备注为"现状保留"。从与上位规划关系来看，此地块在《深圳市土地利用总体规划（2006—2020 年）》中位于允许建设区，属于城乡建设用地，故不存在与上位规划的张力。

从地块权属看，深圳市 LF 实业有限公司在 2005 年 6 月 23 日取得了该地块的使用权。根据土地出让合同，土地用途确定为工业用地，容积率为 1.5。2007 年 4 月 23 日，该企业与土地主管部门签订补充协议，已按合同约定建设完毕，包括 1 栋办公楼、5 栋生产厂房、2 栋员工宿舍楼。用地内南侧和北侧有部分剩余空地，周边道路已建成。

5.2.2.2 积极的外部性评估与协商过程中的"让步"

2015 年初，深圳市 LF 实业有限公司向规划主管部门提出，通过对企业转型升级后的规模预测，其建设规模不能满足转型升级后的空间需求，会限制企业发展，故申请将容积率提高约 2 倍。调整后，该公司将在剩余用地中新建一栋生产厂房和一栋员工宿舍楼，绿化率为 30%，同时增设篮球场、羽毛球场等体育活动场地，以丰富员工日常生活。

此外，深圳市 LF 实业有限公司已委托规划设计单位进行了规划调整专题研究，从交通设施承载力、日照影响等方面对可行性进行了分析。在交通方面，研究认为提升容积率所新增的交通流量，不会对各道路高峰时段的服务水平产生显著影响。在日照方面，研究选择了冬至日 8~16 时进行测评，地块内居住建筑有效日照时间为 1~4 小时，满足建筑日照要求。因此，调整申请的外部性影响很小，具有较强的可行性。

深圳市 LF 实业有限公司的调整申请提交到规划主管部门。NI 管理局进行审查后，从集约节约利用土地和支持产业发展两个角度，原则上支持了调整申请，但同时向深圳市 LF 实业有限公司提出了两点要求：①需贡献 15% 的新增建筑面积；②预留公共开放空间。深圳市 LF 实业有限公司接受了 NI 管理局的这两点要求。

此后，该申请顺利通过深圳市 IJIV 委员会审查。深圳市 IJIV 委员会基本同意了 NI 管理局的上报意见，只提出了两点要求：一是新建建筑需满足相关建筑设计规范要求，二是项目开发建设过程中，做好地质灾害治理工程的配套建设。

由 "LF 个案" 的规划调整过程可知，其原初的利益诉求属性是纯个体利益（非地产开发类），即希望通过调整新建两栋楼，一栋用于生产，一栋作为员工宿舍。但由于该企业的主营业务是毛纱等纺织类加工产品，属于传统的加工型企业，与深圳市和 RU 区当时的主导产业方向并不相符，因此与城市发展宏观环境的契合度较低，仅以促进企业发展和集约节约利用土地的理由提出申请，说服力并不强。

不过，由于调整申请与土地利用总体规划等上位规划并不矛盾，调整造成的外部性影响也很小（周围主要是工业区），且企业愿意向政府贡献 15% 的新增建筑面积，进行公共绿地建设，也答应做好地质灾害治理工程配套建设，所以此次申请通过了规划主管部门的审查，获得批准。

不难看出，当企业的开发利用方式与城市发展宏观环境契合度较低时，比较理性的选择就是，在协商过程中尽量满足规划主管部门的要求，以实现申请获批的目标。

5.3　外部性影响大但能妥善处理的个案

5.3.1　规划和当时情况

深圳 JDBF 有限公司申请调整用地性质和容积率涉及的法定图则的规划调整，属于利益诉求属性为个体利益+公共收益、与城市发展宏观环境契合度较高但外部性较大的典型个案，我们将其简称为"JD 个案"。

根据 2000 年 1 月批准公布的相关法定图则可知，HV 区对该片区的功能定位是：以组团绿化隔离带为主，同时合理安排教育、居住及相应配套设施的综合区。规划用地性质是教育科研设计用地，容积率为 1.7。

地块对应的宗地只有一个，于 1993 年签订了土地出让合同。当时为 1 栋汽车修配厂房，总建筑量 3624 平方米。

5.3.2　第一次 HFVB 委员会会议被否决

在提出调整法定图则的申请之前，深圳 JDBF 有限公司已于 2014 年 4 月申报了城市更新项目，拟将原有建筑全部拆除，更新方向定为新兴产业、教育设施等功能。这一城市更新项目与法定图则对相关地块的规划存在较大差别，为配合城市更新项目，深圳 JDBF 有限公司向规划主管部门提出了规划调整申请。

从与城市发展宏观环境的关系看，此次申请的契合度较高。片区更新改造为创新金融研发、创意设计研发和总部集聚基地，符合城市整体工业规划及产业布局规划。HV 区政府也积极支持该项目，从集约节约利用土地、促进产业转型升级、提升片区建设品质出发，鼓励土地混合使用，建设集创意研发、教育培训等功能于一体的综合性项目。与城市整体发展的契合度，成为此次申请获得规划主管部门重视的关键。

然而，容积率的大幅提高、建筑物高度的增加，使该项目的外部性比较大。此外，规划主管部门考虑到原图则对地块的功能定位是教育功能，因此未采纳深圳 JDBF 有限公司提出的"新型产业用地+商业用地"用地性质，拟将用地性质确定为"新型产业用地+教育设施用地"，容积率也在申请的数值基础上下调。

让人有些意外的是，虽然深圳市 IJIV 委员会已经综合考虑多方面因素，适当优化了规划调整内容，但调整方案在最终的表决中未获通过。

5.3.3 第二次 HFVB 委员会会议终获通过

在调整方案被 HFVB 委员会会议否决后，深圳 JDBF 有限公司迅速与深圳市 IJIV 委员会和管理局商讨，并围绕相关意见对原方案做出了修改完善和必要的补充解释。充分准备后，在深圳市 IJIV 委员会的积极斡旋下，新调整方案提交到 2015 年 HFVB 委员会会议进行再次审议。审议过程中，申请主体首先对上一次委员们集中反映的意见做出了回应。

由于深圳 JDBF 有限公司对 HFVB 委员会会议委员们集中反映

的五方面意见进行了充分回应，并对原方案做了必要的修改完善，因此第二次 HFVB 委员会会议的委员们以全票通过的表决结果，批准了此项申请。

法定图则调整申请的通过，使深圳 JDBF 有限公司的城市更新项目顺利进入深圳市政府 2016 年 2 月公布的《2016 年深圳市城市更新单元计划第一批计划》名单。名单备注中，对该项目明确要求，"更新单元规划的编制，应按照 HFVB 委员会会议审议同意的法定图则规划调整方案执行"。至此，深圳 JDBF 有限公司的城市更新项目完成了规划调整、市政府审批的双重流程，满足了项目动工建设的要求。

事实上，此个案涉及的法定图则调整申请能否获批，会直接影响城市更新项目的审批结果。专门负责审核城市更新申请、拟订城市更新计划的深圳市 EUIZ 办公室明确要求：更新项目与原法定图则规划要求的关系须在申请中说明，只有在理顺与原法定图则关系后，方可纳入更新计划（引自 2014 年 1 月公布的《城市更新单元规划审批操作规则》）。

不难发现，此个案的外部性影响，并不涉及周边公众群体，而主要是建筑物过高产生的影响，以及新增大量建筑面积对周边交通的影响。在处理上述外部性问题时，HFVB 委员会扮演了"反对者"角色，并在会议上否决了并未妥善解决好外部性问题的调整方案。这促使深圳 JDBF 有限公司与规划主管部门积极协商，并提出了在解决外部性问题上更令人信服的调整方案。由此可知，市场主体发展诉求型的调整即使与城市发展宏观环境高度契合，调整对于推动产业升级、提升片区形象的作用非常明显，仍要高度重视外部性问题的处理，尤其在规划调整可能影响公共部门的利益时。

第 6 章

公共部门发展诉求型调整

6.1 基本情况与主要特征

从数量上看，公共部门发展诉求型的调整是最多的，超过法定图则未预期型和市场主体发展诉求型调整的总和。根据深圳市 EUIJ 委员会法定图则局部调整情况，2011 ~ 2014 年，公共部门发展诉求型的调整个案分别为 41 个、46 个、76 个和 59 个（这 4 年法定图则局部调整个案的总数分别为 61 个、77 个、108 个和 101个），占每年调整总数的 55% ~ 70%。本章从 2014 年的 59 个调整个案中挑选出了 8 个具有代表性的个案，并将其分为两大类：第一类是经济发展类，致力于推动产业转型升级、经济优化发展；第二类是社会建设类，致力于从住房、教育、医疗、养老等方面改善民生，或是公共部门基于本职工作需要、更好为公众服务而提出的调整申请。经济发展类个案实际推动主体均是区一级政府，调整目标也都是为促进产业发展或落实市级重大产业项目提供更优越的土地开发条件。需要说明的是，此类调整大多需要经过HFVB委员会审议通过后才可实施。社会建设类个案实际推动主体均是职能部门，比如教育、医疗、养老等民生服务建设，与之类似的还有市政道路线位或路网优化、变电站选址、文体服务设施改扩建等申请。总体而言，公共部门发展诉求型调整的特征可归纳如下。

从利益诉求主体看，事关民生的配套设施类调整申请较多，市、区两级的职能部门更多的是作为申请主体出现，为满足城市或片区发展对提升民生水平的需求而提出调整申请。不过，城市政府在经济发展中也扮演着至关重要的角色，产业主导方向的转变也需要对原规划进行优化完善，以适应新战略下的新要求，因此区一级规划管理部门也是推动经济发展类调整的重要力量，特别是在产业发展方向明确或是拟招拍挂出让国有土地的情况下，为吸引企业进驻，其在调整用地性质和容积率方面做了很多努力。

在利益诉求属性方面，纯个体利益的诉求并不存在。因为公共部门的职责是通过经济发展、社会建设为公众谋取福祉，而非为了照顾某个企业或个人的利益。因此，最常见的利益诉求属性是纯公共收益，配套建设类和大多数保障性住房建设类申请都属此类。此外，也有一些调整的利益诉求属性是个体利益＋公共收益。此类个案通常出现在经济发展类调整中，体现为申请不仅旨在推进产业结构优化升级或落实重大项目，通过促进经济增长、税收增加实现较大范围意义上的公共收益，而且能满足一些市场主体的利益需求，使其获得经营利润。例如，有一些保障性住房建设类的调整就属于个体利益＋公共收益的诉求属性：既保障了中低收入群体的住房需求，也通过适当提高容积率的方式增加了房地产开发商的收益，实现了个体利益与公共收益的兼顾。

　　在调整个案所处区位方面，原特区内和原特区外的调整总数并无显著差别。但深圳市在原特区外确定了多个产业发展基地及重大产业项目，使得经济发展类调整大多出现在原特区外，原特区内则很少。相对地，社会建设类调整则主要发生在原特区内，主要是因为这一区域的学校、医院等公共服务设施较多，随着片区发展带来人口集聚，增加了公共服务需求，需要扩大规模、提升服务能力，对原规划进行调整。在原特区外加速发展的背景下，其各类公共服务设施也需要进行配套建设，以保证居民生产生活的需要，但当时原特区外此类调整的数量并不多。

　　在嵌入性方面，多数申请服从上位规划的要求，并未与土地利用总体规划、基本生态控制线等产生矛盾。因为配套建设等调整通常维持原有开发使用方式，只是提高了容积率。发生在原特区外的经济发展类调整也往往是在原用地性质或微调用地性质的基础上，为引导产业开发提高容积率。不过，当某些公共部门提出的调整申请是出于追求经济发展或是落实重大项目、试点项目的目的时，就可能出现与上位规划存在张力的情况，但公共部门通常能够在规划主管部门的配合下解决这一问题，促使调整申请获得批准。

　　在外部性方面，与市场主体发展诉求型相似，多数调整造成的外部性影响是交通、市政设施等在技术上可以预测并优化解决的，损害其他主体切身利益的情况较少。因此，在公示期间很少收到反对意见，即使有也属于较容易解决的。外部性影响较小也与公共部门的调整申请目标多为促进片区经济发展或民生改善密切相关：从公众角度看，公共部门调整法定图则的出发点不在于谋取经济利益，不存在以权谋私、利益输送等社会不公嫌疑。因此即使调整造成了一定的负面影响，只要申请主体能够妥善处理，公众通常都会支持，使其获得批准。

　　公共部门发展诉求型调整通常与城市发展宏观环境的契合度较高，而且造成的外部性影响较小或是较容易处理，因此其调整的目标指向及其与上位规划是否存在张力就成为关键影响变量。我们接下来将从这两方面出发，对深圳市 2015 年的 3 个公共部门发展诉求型个案进行深入分析。其中两个属于经济发展类目标指向的调整个案，但两者与上位规划的张力存在差异，调整的动力来源也不同，各具代表性；还有一个属于社会建设类目标指向的调整个案，其突出特征是与上位规划存在明显张力，对张力问题的解决导致调整过程一波三折。

6.2　经济发展类个案

6.2.1　无嵌入性张力、基本无外部性影响的个案

6.2.1.1　规划和当时情况

　　NI 管理局 2015 年拟招拍挂用地涉及的 5 个地块的规划调整，属于利益诉求属性为个体利益+公共收益、服从上位规划且基本没有外部性影响的典型个案，我们将其简称为"RJ 个案"。

　　根据 2010 年审批通过的相关法定图则可知，NI 区为该片区确定的发展目标是：通过城市更新改造，整合产业用地、优化道路交通系统，完善配套设施、提升城市形象，建设具有现代气息的产业服务和生活服务综合片区。主导功能是：集金融后台服务基地、传统制造业基地及生活居住于一体的综合片区。发展策略是："现状保留"与综合整治的片区，应立足完善路网体系，完善社区基础型公共设施；城市更新单元重点完善地区功能结构，完善医

院、学校等公共服务设施。

6.2.1.2 自下而上的动力来源

此次调整申请的动力，源自推动片区经济发展诉求。事实上，早在 2006 年深圳市政府就已将金融服务相关基地选址在 NI 区 RJ 街道的 UZ 和 HEQ 两个社区，并于 2007 年 8 月批准了《深圳市金融产业服务基地规划》。

2011 年 6 月，NI 区政府将基地功能在原定位基础上进行了提升，由单纯金融后台服务向金融服务外包转型，重点加强金融与高科技产业、战略性新兴产业的结合。

不过，由于深圳市产业规划布局发生了调整，基地的产业定位虽在不断提升优化，但相关的土地使用、准入条件及入园优惠政策等招商引资的举措尚未出台，企业项目进驻工作推进缓慢。基地一期约 112 万平方米的土地整备工作早已完成，却长期闲置，社区及居民翘首企盼的金融服务业项目迟迟未见落地。

形势在 2014 年初出现了转机，基地由深圳市 LT 办主导建设改为由 NI 区主导建设。NI 区政府根据职责设立了综合组、规划管理组和项目推进组，并落实编制、配备工作人员。在土地整备、安置区建设、市政基础设施（道路、变电站等）建设方面快速推进，还在招商引资、重点项目建设等工作上取得了新进展。总体来看，基地 2014 年共引进超千万元重大项目 20 多个，总投资额逾 50 亿元。

基地实质性建设的启动和土地招拍挂的良好势头，提振了 NI 区和 RJ 街道的发展信心，也促使其为推进招商引资工作，寻求更具吸引力的土地出让条件。

6.2.1.3 规划主管部门的积极支持

在此背景下，RJ 街道向 NI 管理局提出法定图则调整申请，拟将相关地块的用地性质由一类工业用地调整为新型产业用地，容积率也相应提高。对 NI 管理局而言，RJ 街道的申请很有说服力。一方面，基地发展规划计划近期把基地建设为服务珠三角且在国内具有影响力的金融服务业产业基地，远期使其力争成为港深国际金融中心的有机组成部分。另一方面，申请将用地性质调整为新型产业用地，符合基地的定位，6.0 的容积率也满足《深圳市工业项目建设用地控制标准（2012 版）》的上限要求。此外，基地 2014 年取得的骄人成绩为其增色不少，凸显了规划调整的必要性。

规划主管部门在对这一调整申请进行评估和审查后得出结论，调整地块与上位规划不存在矛盾，也不会带来外部性（交通、市政设施方面）问题。因此，原则上同意了 RJ 街道的调整申请。不过在配套设施方面，NI 管理局指出，调整后地块将新增产业人口约 2500 人，并提出了相关公共服务配套要求。此外，为提升该片区的城市功能品质，NI 管理局对公共空间提出了控制要求，如总体布局、建筑体量、街道街面等需整体协调，建筑高度需在 75 米以下。

显然，NI 管理局提出的配套设施增加和公共空间控制意见，对于提升该片区的功能品质具有积极作用，有助于提升整体形象，使地块在招拍挂中更具吸引力。因此，RJ 街道接受了 NI 管理局的要求。这一调整方案顺利通过深圳市 IJIV 委员会的业务会议和 HFVB 委员会会议的审议，且在 2015 年 3 月 14 日至 4 月 12 日公示期间未收到任何反对意见，顺利通过并付诸实施。

从上述调整过程看，其动力来源是自下而上的，即 NI 区特别是 RJ 街道希望借助金融服务相关基地推动本片区经济发展。由于 2006~2014 年发展状况并不理想，因此无法申请调整，既无说服力，也没有必要。2014 年深圳市 LT 办"放权"给 NI 区，让其主导建设基地，使区、街道两级放开了手脚。在此形势下，土地整备、市政基础设施建设、招商引资工作快速推进，片区发展立竿见影，NI 区和 RJ 街道希望基地发挥更大的带动作用，甚至成为推动片区经济发展的新引擎。基于这样的考虑，为更好地进行招商引资，推进基地建设，对拟招拍挂地块用地性质和容积率优化调整的诉求便呼之欲出。调整过程中，无嵌入性张力和基本无外部性影响的优势，使申请顺利获批。

6.2.2 有嵌入性张力、有外部性影响但能妥善处理的个案

6.2.2.1 规划和当时情况

深圳市 IO 区原 TL 农批市场改扩建涉及的法定图则调整，属于不符合上位规划要求、有外部性影响但能妥善处理的典型个案，我们将其简称为"TL 个案"。

根据 2012 年审批通过的相关法定图则可知，该片区发展目标是：通过传统制造业的产业升级和先进制造业的引进和聚集，以及对产业配套的进一步完善，将该片区建设为融高科技产业、高品质生活和优越生态环境为一体的城市地区。主导功能是：钟表、内衣传统优势产业基地，兼顾高新技术、精密仪器等先进制造业的产业集聚区。

基于此，法定图则将调整个案涉及的地块的用地性质确定为生产防护绿地。除大部分为绿地外，其余为无明确土地权属用地，为空地和部分建成区。

6.2.2.2 自上而下的动力来源

此次调整申请的动力，源自深圳市公益性农产品批发市场建设试点。此事要从 2014 年的中央一号文件说起。2014 年 1 月 19

日，中央一号文件《中共中央 国务院关于全面深化农村改革加快推进农业现代化的若干意见》正式公布，该意见第二部分"强化农业支持保护制度"中的第13条"加强农产品市场体系建设"提出，要开展公益性农产品批发市场建设试点。2014年2月25日，商务部、国家发改委、财政部等13部门联合印发《关于进一步加强农产品市场体系建设的指导意见》，该意见第三部分"优化农产品市场体系架构"中的第三个要点就是"积极稳妥推进公益性农产品市场建设"，具体内容包括：建设改造一批长期稳定提供成本价或微利公共服务，具有稳定市场价格、保障市场供应和食品安全等功能的公益性农产品市场；推进农产品市场公益性功能建设，对享受政策扶持的农产品市场，逐步建立发挥公益性功能的刚性约束机制。

在此背景下，财政部、商务部决定从2014年7月起开展公益性农产品批发市场建设试点工作。深圳被确定为第一批试点省（市），也是唯一除省和直辖市以外获批的城市。据深圳市LZ委相关工作人员介绍，农产品批发市场除具有常规的市场性功能外，还应承担公益性功能：稳定产销，稳定价格，保障供应；把关农产品质量，承担食品安全责任；传输供求信息，承担突发事件应急保障；等等。美、法、日等国家都将农产品批发市场作为政府主导的公益性事业，通过立法、财政支持、管理部门设置以及管理体系完善等手段确保农产品批发市场的公益性。深圳市是农产品消费大市，在全国率先实行了农产品流通体制改革，已形成比较完善的市场管理体系和先发优势。此次试点选择深圳，就是希望深圳在公益性农产品批发市场建设方面继续先行先试，为全国提供可推广的经验。

肩负"试点探路"重托，深圳市迅速行动，2014年8月由市 LZ 委完成了试点实施方案的编制工作报市政府审定，并报财政部、商务部备案。在此实施方案中，基于对全市农产品市场区位和辐射能力的考虑，市政府同意将 IO 农产品批发市场（改扩建的原 TL 农批市场）作为试点，纳入此次公益性农产品批发市场的建设工作。但由于相关地块规划为生产防护绿地，因此为推进试点工作落实，须对原法定图则进行调整。这成为此次调整的直接动力。

6.2.2.3 嵌入性张力问题的积极解决

虽有市政府的强力推动，但此次调整并非易事，原因在于与上位规划的张力较大。一方面，根据《深圳市土地利用总体规划（2006—2020 年）》，位于允许建设区的项目用地约占 2/3；位于有条件建设区的项目用地约占 1/3。另一方面，2013 年优化调整后的深圳市基本生态控制线方案中，该项目被划入生态控制线的用地约 5.37 万平方米（需调出的有 3.97 万平方米）。因此，项目实施，不仅要调整法定图则，还要对土地利用总体规划和基本生态控制线做出调整。

为此，深圳市 IJIV 委员会于 2015 年 7 月审议通过了 IO 管理局提出的土地利用总体规划调整方案，并在深圳市 IJIV 委员会的官方网站发布了公告。根据公告可知，TL 农批市场改扩建项目用地调整方案主要是对位于有条件建设区的地块进行调整。

公告特别说明，有条件建设区使用，调入、调出地块面积相等，且在 IO 区范围内可以实现等面积置换，不影响建设用地总规模和城乡建设用地规模等指标的总量。因此，调整方案在 7 天的公示期内没有收到反对意见，顺利通过。

事实上，基本生态控制线的调整很早就开始了。经过 IO 管理局和深圳市 IJIV 委员会商讨，确定将位于 IOVN-AL 的一块园地调入基本生态控制线，以置换 TL 农批市场改扩建所需占用的基本生态控制线内的用地。

　　2015 年 5 月 14 日，深圳市 TLJL 委在 IO 管理局召开专家现场论证会，同意了调整方案。随后，IO 区管委会于 2015 年 5 月 26 日召开职能部门联审会，也同意了这一调整方案。这一调整方案在 2015 年 7 月初至 8 月初的公示期内也没有收到反对意见，顺利通过。有了土地利用总体规划和基本生态控制线的调整，法定图则调整与上位规划的张力不复存在。

6.2.2.4　外部性问题的妥善处理

　　该调整方案在 2015 年 7 月 9 日至 2015 年 8 月 8 日的公示期间收到了两条意见。一条由 IO 办事处的 IBA 社区提出，指出规划道路占用社区用地，损害了社区利益，建议取消两条市政道路。另一条由深圳市 PER 有限公司提出，指出地块内的道路宽度和规模，不利于土地开发使用效率，建议对这两条道路的表述为：按市场实际需要规划道路流线，满足市场内外交通需求，并保证地块规划设计规范。不难看出，IBA 社区的意见是反对性的，要求取消道路；而深圳市 PER 有限公司的意见属于建议性的，希望更好地规划道路，提升服务效率。因此前者的意见更棘手一些，需要妥善处理。

　　针对这一情况，IO 管理局的处理方式是部分采纳，一方面向 IBA 社区说明了增设市政道路的必要性，不能完全取消；另一方面也对初始方案做了调整完善，并对深圳市 PER 有限公司的意见做出了回应。

　　由上述调整过程不难看出，这次调整的动力来源是自上而下的，即深圳市为完成财政部、商务部开展的公益性农产品批发市场建设试点工作，将改扩建的原 TL 农批市场作为 IO 区的试点项目。正是市政府的积极推动，才出现了为调整法定图则，克服其与上位规划张力，先后调整土地利用总体规划和基本生态控制线的结果。

此外，这次调整产生了一定外部性，但属于能妥善处理的。虽然调整会侵占 IBA 社区的用地，使他们提出反对意见，但从发展角度看，改扩建的原 TL 农批市场将大大促进片区经济发展，而原 TL 农批市场的运营收入占 IBA 社区年总收益的 33%，因此建设好新农批市场对社区也很有利。鉴于此，IO 管理局从利益协调的角度提出了折中的方案，一方面向社区说明，改扩建后的农批市场完全取消道路并不现实；另一方面也尊重其意见，减少对社区用地的占用。这样的解释和折中处理取得了良好效果，调整方案在后面的审查环节没有再遇到阻碍，得以顺利通过。

6.3　社会建设类个案

6.3.1　规划和当时情况

HV 区 CVU 博物馆群、综合性医院和"三中心"（急救中心、血液中心、医学信息中心）项目涉及的 8 个地块的规划调整，属于利益诉求属性为纯公共收益、与上位规划存在张力、有外部性影响且需协调多方利益的典型个案，我们将其简称为"CVU 个案"。

2007 年修编后公布的相关法定图则，为这一位于 HV 区、PU 区交界处的片区确定的发展目标是：贯穿生态廊道，促进生态恢复；提升片区服务水平；培育都市型产业。基于这一发展目标，法定图则将片区的功能定位为"市级生态廊道，为 VN 山以南居住地区提供文体、商业、医疗、市政等配套设施服务的综合片区"。

在此发展目标和功能定位下，调整个案最初涉及地块的规划用地性质为公共绿地，当时为山体、林地、空地。

6.3.2 艰难通过的第一次调整

此次调整申请的动力，源自 HV 区 2010 年提出的 CVU 博物馆群项目。HV 区于 2010 年、2013 年先后向市政府建议，在 CVU 公园内建设博物馆群，还在 2013 年集聚了国内博物馆界专家举行咨询会，经研讨公布了博物馆群的建设构想。

不难看出，HV 区非常重视 CVU 博物馆群的建设。不过，直到市政府 2013 年原则上同意在 CVU 公园建设博物馆群，HV 区于同年开始筹备建设博物馆群（一期），才正式拉开了规划调整的序幕。

由于 CVU 博物馆群建设获得市政府的大力支持，结合市政府和区政府的想法，深圳市 IJIV 委员会 2013 年向市政府办公厅汇报了初步的法定图则调整思路，并获得基本认可。其后，深圳市 IJIV 委员会和 FA 直属管理局推动完成了 CVU 博物馆群项目涉及的法定图则的第一次调整，并于 2014 年 5 月对外进行公示。

此次法定图则调整在 2014 年 5 月 30 日至 2015 年 6 月 28 日公示期间未收到反对意见。但在 2014 年 HFVB 委员会会议上，市 HB 办委员提出公共绿地不能改变用途，并要求规划主管部门认真核查《深圳市城市规划条例》对公共绿地的相关要求后再视情况报会审议。

在深圳市 IJIV 委员会的多方斡旋和积极推动下，2015 年第 2 次 HFVB 委员会会议终于审议通过了调整方案。不过在原则同意的基础上，HFVB 委员会对项目建设方提出了新的要求。

6.3.3　涉及多方协商的第二次调整

就在"艰难"通过 HFVB 委员会审议不到 1 个月，HV 区尚未启动博物馆群一期建设时，事情又出现了戏剧性变化。此次法定图则调整涉及城市总体规划的强制性内容和基本生态控制线，因此必须先调整城市总体规划和基本生态控制线，方能调整法定图则。

相对而言，基本生态控制线的调整可由深圳市 IJIV 委员会提出方案，经市 TLJL 委员会审议和专家论证通过，在市政府的联席会议上通过，即可实现"占补平衡"和"异地置换"，只要没有公众反对，就比较容易操作。如前文所述，基本生态控制线的调整在深圳市的城市规划建设过程中经常出现。

但是，城市总体规划的调整就没有那么简单了。根据《城乡规划法》，只有重大设施建设（如国务院批准的一些国家级重大建设项目）才能申请调整城市总体规划，而且调整程序很复杂，周期也很长。另外，深圳属于计划单列市，城市总体规划的调整需要上报国务院审批。

鉴于此，深圳市 IJIV 委员会要配合 HV 区的 CVU 博物馆群建设工作，并且尽量不调整城市总体规划，就必须重新研究调整方案。由于这一地区有大片绿地，可建设用地非常紧张，且周边已初步确定综合性医院和"三中心"项目的选址（尚未开工建设），因此 CVU 博物馆群选址的调整必将冲击原有空间格局，造成很大的外部性。只有协调好多方利益，才能提出满足各方诉求且具有可操作性的新方案。为此，深圳市 IJIV 委员会多次召开协调会，邀请各方代表参加讨论，以达成新的均衡点。

CVU 博物馆群项目的调整过程表明，法定图则调整的嵌入性问题并不是在所有个案中都能有效解决的，而且法定图则调整也不是在规划主管部门和土地使用主体之间达成一致便可付诸实施的。与土地利用总体规划和基本生态控制线不同，城市总体规划的约束性显然更强，这主要体现在调整程序的差异上。我国的城市总体规划将用地分为 4 类，包括已建区、适建区、限建区和禁建区。对深圳而言，已建区的调整只需经本级政府同意即可，这也是绝大多数法定图则调整所属的情况；适建区的调整就需要上升到广东省政府审批；而限建区和禁建区的调整，则必须上报国务院审批。

这次调整的动力，来源于 HV 区政府对 CVU 博物馆群建设工作的高度重视和持续推进。另外，市政府领导在多次会议上的明确支持也至关重要。正是在市区两级政府的积极推动下，才能在第二次调整中将规划为"三中心"和综合性医院的地块腾出，让给博物馆群建设，而将上述两个用地单位的选址调整到其他地块。因此，对公共部门发展诉求型调整而言，在外部性影响较大、需协调多方利益时，规划主管部门在照顾各方利益时会体现出重视程度的差别，这种差别往往会影响调整结果。

第 7 章

法定图则调整中的影响因素

7.1 利益诉求主体与谈判地位

在讨论一个法定图则调整个案时，首先引起注意的就是申请主体。不过此处所讨论的"申请主体"不能等同于法定图则调整过程中的"利益诉求主体"，因为很多的调整申请是城市规划职能单位的区级管理局提出的，但真正从调整中获益的却是特定的企业或公共部门。因此，我们应当通过申请主体，看到借助调整寻求个体利益或公共收益的真正主体。

如前文所述，法定图则未预期型调整个案中的申请主体主要是原农村股份公司等市场主体，极少有公共部门，由于缺少更多的个案做比较，我们并不能看出不同类型申请主体在谈判地位上的差异。但是，原农村股份公司可以通过信访等方式反映问题和诉求，以引起上级领导关注。因此，原农村股份公司可以借助上级领导的影响力，提升自己的谈判地位，以实现规划调整。

相对地，市场主体发展诉求型调整个案中，不同申请主体在与规划主管部门协商时，在谈判地位上的差别比较明显：谈判地位较高的企业（具有实力强、名气大、贡献大等特征）拥有更多的话语权，其申请会受到规划主管部门的重视；谈判地位较低的企业的调整申请虽然也可能通过，但协调周期与频率都会增加。

公共部门发展诉求型调整个案在申请主体上的差别，主要体现为行政层级不同，虽然不同层级主体在申请时基本不存在谈判地位的差别，但当各公共部门的利益需要协调时，行政层级较高的主体通常拥有更强的谈判能力，并能影响利益分配格局。此外，从近年来法定图则调整申请获批数量看，公共部门发展诉求型调整申请数量占半数以上，比市场主体发展诉求型调整申请和法定图则未预期型调整申请的总数还多。这从侧面反映出，公共部门要比市场主体拥有更高的谈判地位，其申请会得到更多重视。当然，这不仅是由其谈判地位决定的，也与其利益诉求属性多为服务于公众的纯公共收益密切相关。

因此，可以总结出利益诉求主体与谈判地位关系的特征：①公共部门高于市场主体；②大企业高于小企业；③原农村股份公司借助信访等方式引起上级领导关注后，有助于提升其谈判地位；④具有更高行政层级或更多话语权的公共部门比其他公共部门拥有更高的谈判地位。

7.2　调整的动力来源与动力传导机制

如前文所述，法定图则调整的动力来源包括解决遗留问题和满足发展诉求两类，发展诉求又可分为来自市场主体的诉求和公共部门的诉求两种。动力来源的不同，直接影响动力传导机制，而不同的动力传导机制对规划调整的影响差异很大，甚至左右调整过程和结果。通过分析可知，除了常规的自下而上的传统调整申请（由市场主体或不高于规划主管部门级别的公共部门直接提出）外，潜在的动力传导机制也值得关注，比如项目被确立为重大产业项目、高层级政府确定的重点与试点工程、农村集体组织的信访等。

7.3　嵌入性之有无张力与调整的交易成本

如前文所述，法定图则嵌入在诸多上位规划中。一项法定图则调整与上位规划是否存在张力，会直接影响到调整需要付出的交易成本。如果法定图则调整完全能够在上位规划允许的范围内完成，便属于与上位规划无嵌入性张力的情况，此时的交易成本很低，调整申请获批的可能性相对较大。但如果法定图则调整与上位规划存在矛盾，就必须先对上位规划进行调整，然后再调整法定图则，此时的交易成本较高，获批难度也相应增加。根据对深圳市法定图则调整涉及的上位规划调整情况的观察，构成约束的上位规划主要有 3 个，分别是基本生态控制线、土地利用总体规划和城市总体规划。相对而言，基本生态控制线和土地利用总体规划的调整（本节仅指"有条件建设区"的使用）是市级政府可以决定的，因此较易实现；城市总体规划的调整则须上报省级政府甚至国务院审批，因此难度很大。

根据 2013 年 6 月公布的《深圳市人民政府关于进一步规范基本生态控制线管理的实施意见》第四条，基本生态控制线优化调整应遵循生态优先、占补平衡、布局优化的原则。从调整程序看，申请主体首先要编制基本生态控制线调整方案，经市 TLJL 委员会

审核通过后，报市 IJIV 委员会审查，审查通过并经市 LDUVMBZ
会议审核同意后，由市 IJIV 委员会组织公示，公示时间不少于 30
天。市 IJIV 委员会根据公示意见对调整方案进行修改，提请市 EU-
IJ 委员会审查同意后，报市 BHEY 会议审议。另外，调整方案应
自批准之日起 15 天内，在市主要新闻媒体和市 IJIV 委员会网站上
公布。可见，其调整的流程虽然较长，但整个过程都在深圳市，
属于市政府可以自主决定的，只要不引起公众的强烈反对就能
实现。

土地利用总体规划调整方面，由于 2013 年 4 月公布的《深圳
市规划和国土资源委员会土地利用总体规划实施操作指引（试
行）》对土地利用总体规划的修改做了严格限定，因此在法定图
则调整过程中很少出现对土地利用总体规划的直接调整。相对较
常出现的是对"有条件建设区"（土地利用总体规划划定了四区：
允许建设区、有条件建设区、限制建设区和禁止建设区）的使用，
在使用时也需要明确调入、调出地块，以实现异地置换、占补平
衡。该指引第三章对有条件建设区使用的程序要求如下：①管理
局负责拟订有条件建设区使用方案；②征求区（新区管委会）发
改、经贸、建设、环保、交通、农业、水务等有关部门意见，属
于中心城区范围内的，由总体规划处征求市有关部门意见；③主
办处室审查有条件建设区使用方案；④委员会业务会批准有条件
建设区使用方案，属于中心城区范围内的，方案经委员会业务会
审议后逐级上报批准；⑤有条件建设区使用方案经批准后 30 个工
作日内，管理局应在本辖区范围内予以公告；⑥委员会将有条件
建设区使用方案成果上报备案。可见，与基本生态控制线的调整
相似，有条件建设区的使用也属于深圳市自主决定的事项，相对
较易实现。

最难调整的就是城市总体规划。根据《城乡规划法》第四十七条，修改城市总体规划前，组织编制机关应当对原规划的实施情况进行总结，并向原审批机关报告；修改涉及城市总体规划强制性内容的，应先向原审批机关提交专题报告，经同意后方可编制修改方案。具体到深圳来说，对适建区的调整需要上报广东省政府审批，对限建区和禁建区的调整则必须上报国务院审批。这显然大大提高了调整城市总体规划的交易成本和不可控程度。由此便不难理解，至 2014 年深圳尚没有为了调整法定图则而向国务院提请调整城市总体规划的先例。城市总体规划中划定的禁建区和限建区也成为约束性最强的规划内容，当法定图则调整可能与之存在张力时，无论申请主体的谈判地位多高、建设项目多重要，通常都会选择回避。

需要注意的是，无论是相对较易实现的基本生态控制线和土地利用总体规划调整，还是极难实现的城市总体规划调整，规划主管部门在这些上位规划调整时均需要付出一定的交易成本。所以，为了法定图则调整而调整上位规划并不轻松。因此，在审批与上位规划存在张力的调整申请时，规划主管部门通常会对调整所需付出的交易成本和审批通过后的实施成本进行全面评估，然后再做判断。

7.4 嵌入性之契合程度与谈判地位

如前文所述，利益诉求主体与谈判地位存在紧密关联。事实上，另一个直接影响利益诉求主体与规划主管部门谈判地位的变量，就是其申请调整的目标指向与城市发展宏观环境的契合程度。回顾深圳市法定图则调整的获批个案，可以发现利益诉求主体经常强调的"契合度理由"包括以下四个方面。

第一，符合城市产业发展导向。此类调整是以经济发展为目标导向的，旨在通过规划调整促进产业结构优化升级，推动城市经济健康持续发展。这类理由能有效提升利益诉求主体（尤其是市场主体）的谈判地位，引起规划主管部门的重视，增加获批砝码。当利益诉求主体是谈判地位较高的市政府、市直部门或区政府等公共部门时，"双高"谈判地位的叠加将大大增加申请获批的可能性。

第二，有利于改善配套设施。此类调整是以社会建设、民生保障为目标指向的，旨在通过规划调整改善公共服务设施、提升服务能力，更好地满足公众需要。这类理由常见于公共部门提出的发展诉求型调整申请中，有利于提高利益诉求主体的谈判地位，加之公共部门本身具有较高的谈判地位，"双高"谈判地位的叠加和公众支持，使此类调整申请通常能够获批。如果地产类企业的开发项目被纳入市政府保障性住房建设项目，也可以显著提升其谈判地位，使其调整申请相比纯商业地产开发类项目的调整申请更具说服力，更可能获批。

第三，有利于提升城市形象。此类调整是以提升城市空间品质为目标指向的，旨在通过规划调整提高某一片区的开发建设水平，打造现代城市景观，并促进城市内涵提升。这类理由对于提高利益诉求主体的谈判地位有一定作用。但值得注意的是，此类理由下利益诉求主体谈判地位的提升程度与区位有重要关联，不同区位改善形象的紧迫性不同，受到的重视程度显然不同。如对位于原特区内亟须改善城市形象片区的规划调整申请，规划主管部门通常会更加重视，积极推动规划调整的实现。

第四，有利于集约节约利用土地。此类调整是以提高土地利用效率为目标指向的，常见于上述三种情况均不满足的调整申请中，如企业为扩大生产规模、改善员工住宿条件而申请提高容积率等。相较于前三种理由，这类理由对提高利益诉求主体谈判地位的作用并不显著，也是规划主管部门经常否决的调整申请理由。所以，这类理由要发挥作用，往往需要借助其他因素（如申请主体的谈判地位、所处区位、接受规划主管部门的附加要求等）的配合。

因此，可将嵌入性之契合程度与谈判地位的关系总结如下：①符合城市产业发展导向和有利于改善配套设施均非常有助于提升谈判地位，且由于后者更易获得公众好感，因此作用更明显；②有利于提升城市形象对于提升谈判地位有一定的作用，但要结合特定区位发展需要具体分析；③有利于集约节约利用土地对于提升谈判地位的作用并不明显，属于力度较小的申请理由，需要借助其他因素才能发挥作用。

7.5 外部性影响对象与协调难度

如前文所述，从法定图则调整造成的外部性影响的对象来划分，主要分为三类：一是规划调整给周边交通、市政设施带来需求增量和给环境带来影响（很难明确到具体产权主体上，但确实存在）；二是规划调整给周边公共部门及企业利益带来影响；三是对周边公众利益造成影响。在法定图则调整过程中，这三类影响对象对应着不同的协调难度，进而影响最终的调整结果及规划实施。

最容易评估和规避的外部性影响是第一类。在提出规划调整申请时，利益诉求主体就需要对交通、市政设施和环境等方面的影响进行评估，并通过规划主管部门的层层审查。因此，能够通过审批的调整申请很少存在这方面的外部性，即使存在也可以通过交通改善、市政设施配套建设等手段降低其影响。需要注意的是，虽然此类影响很难明确到具体产权主体上，但规划主管部门和 HFVB 委员会的委员们将作为审查者提出修改完善意见，甚至驳回调整申请。不过，与规划主管部门或 HFVB 委员会进行协调，是难度相对较小的，一方面是因为此类外部性影响相对确定，另一方面是因为这种协调属于利益诉求主体和规划审批方的双边互动。

相对地，第二类外部性影响对象的协调难度有所增加。因为调整造成的影响可以明确到具体的产权主体上，受到影响的公共部门和企业通常会向规划主管部门提出意见，要求以保障自身利益为基础，提出更具可操作性的利益协调方案。这里存在四种潜在可能性：第一，当利益诉求主体是公共部门、利益受影响的也是公共部门时，协调难度较大，可以通过直接协商的方式商讨出新方案，这一协商过程中各方谈判地位的差别经常会显现出来；第二，当利益诉求主体是公共部门、利益受影响的是市场主体时，往往可以通过其他方式弥补市场主体的损失，此时协调难度较小，通常可以达成一致；第三，当利益诉求主体是市场主体、利益受影响的也是市场主体时，规划主管部门通常会要求申请主体先与利益受影响方协商，双方（或多方）达成一致后再进行规划调整；第四，当利益诉求主体是市场主体、利益受影响的是公共部门时，往往需要规划主管部门发挥斡旋作用，这种斡旋可以有效降低协调难度，当然这是以规划主管部门原则上同意其申请为前提的。

如果规划调整对周边公众利益造成影响，协调难度会更大一些。此时规划调整造成的影响可以明确到具体的产权主体上，从而形成利益协调过程中的多边互动。大多数人直到调整的公示阶段（即调整方案已初步敲定）才了解调整详情，因此当负面影响较大时，其意见表达方式可能会比较激烈，并容易引起广泛的社会关注，使多边互动达成一致的难度大大增加。此时，如果搁置公众的反对意见，强行推动规划调整，在实施阶段通常将面临较大的阻力。

因此，可将外部性影响对象与协调难度的关系总结如下：①双边互动的协调难度较低，多边互动的协调难度较高；②涉及公共部门和企业的多边互动协调难度，没有涉及公众的多边协调难度高。

7.6　双边协商与多边协商的交易成本差异

如果将双边协商或多边协商视为一种缔约过程，规划调整的利益诉求主体的目标就是达成新合约安排，解决事关自身利益的遗留问题或满足发展需要；规划主管部门则要在全局谋划和长远考虑的基础上，做出审批决定，若同意，还要提出相应要求。与传统合约不同的是，这里的规划主管部门和利益诉求主体的地位并不平等：前者拥有决定权，后者只有商议权（不同主体的谈判地位不同，商议权的行使能力也不同）。这虽然与人们通常理解的在平等地位关系上达成的合约有区别，但并不妨碍分析。因为现实中的大量合约是在缔约能力不相同的条件下达成的，从合约研究方法看，缔约能力的平均分布也不是合约达成的必要条件。

相对来说，双边协商是很简单的一种情况。在这一情况下，参与协商的只有两方：一方是利益诉求主体，另一方是规划主管部门。这种互动类型出现的前提是调整服从于上位规划的要求，不必调整上位规划，且调整造成的外部性影响很小，利益诉求主体能够按照规划主管部门的要求做出评估和优化，以保证调整后的规划对原有格局的负面影响很小，甚至是利大于弊的。

双边协商的突出特点是，协商主要发生在利益诉求主体和规划主管部门之间，经双方协商达成的方案，往往会成为法定图则调整后对所涉地块的规划。由于法定图则调整遵循既定程序，双方之间的沟通渠道也相对畅通，因此双边协商的交易成本是较小的，不可控程度也非常低。

多边协商则是较为复杂的一种情况。除了利益诉求主体和规划主管部门，还可能出现的其他互动主体主要包括以下三类：①居于中立位置的其他公共部门、专家及上级政府；②利益受到负面影响的主体（公共部门、企业或公众）；③无利益关切但关注规划调整的其他主体。此类协商出现的原因在于，调整有嵌入性张力（不符合上位规划要求）或较大的外部性影响（如某些主体提出反对意见）。

多边协商最突出的特点在于，协商不仅发生在利益诉求主体和规划主管部门之间，还可能发生在规划主管部门与居于中立位置的公共部门、专家及上级政府之间（如为了调整上位规划，规划主管部门需要与其他业务主管部门、相关专家进行沟通，并将结果报上级政府审议），也可能发生在利益诉求主体与利益受到负面影响的主体之间，同时还可能发生在规划主管部门与无利益关切但关注规划调整的其他主体之间。因此，在多边协商中，即使规划主管部门通过了利益诉求主体的调整申请，但只要在某个协商环节出现问题，就可能导致规划调整无法实施，需要重新协商。这就使多边协商的交易成本很高，不可控程度也随之升高。

第 8 章

"全面覆盖"背景下控规管理的政策建议

8.1 提升控规编制水平

8.1.1 权衡好决策成本与实施成本的关系

控规编制阶段的"决策成本"(包括技术成本与缔约成本)与管理阶段的"实施成本"之间存在替代关系。由于我国城市在控规编制阶段存在未付出足够"决策成本"的问题,因此控规合约的不完全性和不完整性使得"实施成本"较高,未在编制阶段有效解决的问题,往往需要借助规划调整的方式解决。

鉴于此,规划主管部门在控规的编制、修编阶段,需权衡好决策成本与实施成本的关系。正视各类土地开发主体的发展意愿和相关方的利益关切,通过充分互动和有效协调降低控规合约的不完整性,减少控规管理阶段的被动调整。当编制、修编阶段协调各方利益需付出的交易成本过高时,应适当预留规划弹性,在实施阶段明确各方利益分配格局，加强利益协商机制和保障措施的制度建设。

8.1.2 对不同片区实施差异化的规划指标控制方法

由于控规最核心的作用并非确定某个时间节点的发展目标，而是对土地开发利益进行管控与协调，因此我国的城乡规划管理体制并未给控规设定期限。这就使控规虽然具有法定规划的约束力，但也需在特定时间、条件下进行调整。事实上，城市内不同片区往往处于不同的发展环境中，具有不同的发展定位、目标导向和土地权属状态，因此规划指标的控制方式也应有所区别。

具体可以采取以下差异化的控制方法：①对于发展成熟片区，应明确规划指标要求；②对于发展前景不明朗、面临转型升级的片区，应适当预留规划指标弹性；③对于已经明确发展定位及目标导向的片区，应通过经济分析，采取满足发展需要的控规指标校核方法；④对于土地权属界定成本较高或多方利益关系较为复杂的片区，应注意协调好指标刚性与弹性的关系。

8.2 完善控规调整审批机制

8.2.1 优化控规调整的启动规则

控规调整的动力传导机制，不仅包括常规的自下而上方式，还包括通过信访等方式引起上级政府领导关注和上级政府为落实重大项目直接要求调整控规等具有自上而下特征的方式。在我国的规划管理体制下，多种动力传导机制并存的局面很难改变，但优化控规调整启动规则，将有助于把各类调整申请的管理纳入制度化轨道。

具体来说，规划主管部门应优化控规调整的启动规则，细化控规调整的申请条件、申报材料、申请程序等方面要求。可将控规调整划分为两大类，即依申请调整和依职权调整，并制定详细的管理规则。前者为规划主管部门根据申请人的申请对已批准的控规进行调整；后者为因国家、省、市重大建设项目安排和公共及交通市政设施安排等，由规划主管部门依职权提出的控规局部调整。

8.2.2　构建有效的多边沟通协商机制

由于控规调整会造成土地收益分配格局的变动，因此相关各方均有表达利益诉求和参与协商的权利和必要性。我国城市缺乏对控规调整中多边沟通协商平台的搭建，多边互动交易成本较高的情况仍然存在。公众意见反馈渠道不畅，也使得与其进行有效协调的难度较大，不可控程度随之升高。这表明，构建有效的多边沟通协商机制是控规调整中亟待解决的关键问题。

因此，规划主管部门要树立控规调整的程序公平意识，注重对公众利益的尊重和维护，积极构建与公众的常态化沟通协商渠道，使公众能深度融入控规调整过程。当公众或其他利益受损方对控规调整存在异议时，应尽量降低规划调整的负面影响，并向相关方做出充分的解释说明。从深圳经验看，其推行的社区规划师制度是一项有益尝试，应进一步完善、推广这项有利于公众反映利益诉求的沟通机制，使其在控规调整的多边沟通协商中发挥更大作用。

8.3　制定差异化的控规调整审批标准

8.3.1　法定图则未预期型调整需妥善处理好利益协调问题

控规的法定图则未预期型调整，基本内涵就是利益诉求主体通过寻求"规划补偿"，以解决规划编制阶段留存的不完全性、不完整性问题。然而，这种利益补偿往往是通过具有地产开发属性的用地性质（如居住用地、商业服务业用地）和较高的容积率实现的，这在给利益诉求主体带来直接收益的同时，也可能会造成明显的外部性，招致公众猜疑，甚至引起更广泛的社会关注。

因此，城市政府应基于本地发展实际和各片区发展水平、条件等，科学制定利益协调的参考标准，使规划调整有据可依、有标准可循。针对外部性影响较大的调整，需加强与相关主体的沟通与协商，做好信息公开。

8.3.2　市场主体发展诉求型调整需与城市发展要求相契合

控规的市场主体发展诉求型调整，基本内涵就是营利性的利益诉求主体寻求新发展条件下的规划支撑，以达成土地收益分配的新格局。规划主管部门审批的基本原则应该是，市场主体的调整申请需与城市发展要求相契合，并区别对待各种情况。

具体可以采取以下审批标准：①对于符合城市产业发展导向、属于重大建设项目的调整，应考虑所在片区的土地承载力情况；②对于有利于提升所在片区整体形象、空间品质的调整，应考虑该片区的整体定位、公共服务设施配套情况；③对于有利于集约节约利用土地的调整，须严格把关，并对所在片区的发展导向、功能定位、土地紧缺程度和承载力、未来发展潜力等因素进行综合评估。

8.3.3 公共部门发展诉求型调整需协调好与上位规划的关系

控规的公共部门发展诉求型调整，基本内涵就是非营利性的利益诉求主体寻求新发展条件下的规划支撑，以实现增加公共收益（有时也可能兼顾个体利益）的目标。对各级各类公共部门而言，经济建设和社会建设会不断产生新的需求，为解决新需求与规划要求之间的矛盾，公共部门发展诉求型的调整申请将持续存在。由前文可知，此类调整与上位规划存在张力的情况较多，因此规划主管部门需处理好调整与上位规划的协调问题。具体可以采取以下措施。

（1）选址把关。应严把项目选址关，提高规划选址与上位规划要求的相符度，强化对基本生态控制线内、有条件建设区内、限制建设区或禁止建设区内新增建设项目的审查，从源头上减少上位规划的调整。

（2）审批标准。对于确需调整上位规划的，不仅调整事项要属于国家或省市重大建设项目，规划主管部门还应当会同其他部门，制定交通影响、市政设施影响、环境影响等评价标准与相应的规划控制指标参考标准，使得对上位规划的调整有标准可循。

第 9 章

结论与展望

9.1 主要结论

9.1.1 合约分析视角提供控规议题研究的"第三个思路"

从控规研究脉络看，学界的研究思路是从工程技术思路逐渐转向公共政策思路的，认为从制度设计和运行的角度探讨控规问题，更有助于展开分析。公共政策思路的运用，尤其体现在控规调整议题的研究中。然而，这两个理论思路多属于"就调整论调整"的经验性阐述，分析力度明显不够，缺少对控规本质内涵的挖掘及对其运行过程中深层症结的剖析。此外，现有研究罕有对控规调整类型的划分，倾向于将控规调整视为高度同质化的现象。这些不足不利于深入理解控规调整问题的内在规律。

鉴于此，本书提出了超越已有两个研究思路的"第三个思路"，即参考借鉴合约理论精髓与合约方法的基本特征，基于中观尺度的合约分析视角，重新审视控规的内在属性特征，得到控规调整的分析维度，进而构建一套合约分析框架，使其适用于广泛的控规调整分析。对深圳法定图则调整的个案研究表明，合约分析思路有助于从"背景—策略选择—协商过程—结果"全过程出发，深入挖掘控规调整中蕴含的核心要素。这种分析优势恰恰是工程技术思路和公共政策思路不具备的。因此，基于合约分析视角讨论控规议题的"第三个思路"意义深远，拥有较强的理论解释力和进一步讨论的空间。

9.1.2 基于控规合约属性构建控规调整的分析框架

基于合约视角，可将控规视为城市规划主管部门与所在地块的土地使用主体就土地如何开发利用达成的一个协议。任何土地使用主体均需要按照控规合约的要求，开展土地开发利用和建设行为。如有违背，就属违法开发，将无法获得完整的合法权利。因此，当某主体的开发建设诉求不符合规划要求时，需提出调整控规的申请，申请获得规划主管部门批准后，才能按照新的规划要求开发建设。进一步看，当我们把控规视为一个合约分析单位时，可以提炼出四个合约属性，即利益诉求属性多元化合约、不完全且不完整合约、嵌入性合约、外部性合约。

从利益诉求属性看，可以将控规调整申请的目标指向划分为纯个体利益（非地产开发类）、纯个体利益（地产开发类）、个体利益+公共收益和纯公共收益。不同的利益诉求属性往往与申请主体的属性密切相关。

从完全性和完整性看，控规合约属于不完全且不完整合约，无法将控规编制成多方充分沟通、达成一致认可且考虑到所有可能性并做出详细规定的"完美合约"。虽然完整且完全的合约在现实中极少出现，但它为我们透视控规提供了一个参照系，有助于更敏锐地注意到问题到底出现在哪里。控规合约的不完全性分为两类：一类是"法定图则未预期型"，即控规编制时就存留了一些尚未解决的问题，这种非均衡状态为控规调整埋下了伏笔；另一类是"发展诉求型"，即控规编制时没有尚未解决的问题，但随着时间推移和情况变化，原控规不能满足土地使用主体的要求，使其申请调整。"法定图则未预期型"的不完全性存在的深层原因在于决策成本（包含技术成本和缔约成本）较高。而决策成本与实施成本（即使规划得以顺利实施的成本）存在替代关系。以深圳为代表的快速发展地区，存在低决策成本、高实施成本的现象。相对地，"发展诉求型"的不完全性主要是由缔约主体的有限理性造成的，尤其在我国城镇化高速发展、城市建设日新月异的大背景下，大多数城市只能根据现实需要，对控规是否需要调整、如何调整等问题做出个案判断。这种发展不确定性造成的不完全性，在规划编制阶段很难准确预测，因此规划主管部门不愿付出高昂且可能无用的决策成本，而更倾向于在管理环节对调整申请"一事一议"。

从嵌入性看，控规的实施不具有独立性，其在运行中会受到上位规划的约束和外部环境的影响。从前者看，控规不仅嵌入于城市规划的整体框架之中，需要将上位规划的原则、意图和要求转化为对具体地块的规划控制指标，还需在土地利用总体规划、基本生态控制线等上位规划允许的范围内进行调整优化，不能随意突破。从后者看，城市发展宏观环境对控规运行具有重要影响。一方面，为贯彻落实某种发展思路、配合产业促进政策或重大项目进驻，城市政府会要求控规及时做出调整以适应新形势下的新要求；另一方面，与城市发展宏观环境的契合程度，将直接影响规划调整申请的获批可能性。

从外部性影响看，控规调整作为对原合约协议的改变，必然会带来土地开发利用方式及强度、道路交通压力、市政设施需求等的改变。这种变动对其他主体利益的影响既可能是正面的，也可能是负面的。现实的合约结构属于一种"没有合约"的状态，需要政府扮演拥有强制力的第三方角色，维持城市规划建设活动的基本秩序，协调好各方利益，化解规划调整的外部性问题。控规调整的外部性可分为两类，第一类是交通、环境及市政设施等影响，具有确定性，通常可以根据测算结果进行解决，以满足调整后的需要；第二类是调整方案确定后收到的各方意见，如损害周边主体的土地权益、影响日常生产生活等，这类意见不属于通过测算可以规避的，此时规划主管部门既可能让各方直接协商（但最终方案由规划主管部门决定），也可能自己出面协调。

基于上述四个属性维度，本书构建了控规调整的合约分析框架。从调整目标指向看，可归纳为纯个体利益（非地产开发类）、纯个体利益（地产开发类）、个体利益+公共收益和纯公共收益四类，分析时需关注利益诉求主体的属性；从调整动因看，可分为法定图则未预期型和发展诉求型两类，后者可进一步细分为市场主体发展诉求型和公共部门发展诉求型，在分析时需关注调整发生的历史渊源和背景；从嵌入性看，需关注调整与上位规划是否存在张力，以及与城市发展宏观环境的契合程度；从外部性影响看，需要关注造成影响的大小，以及影响属于交通、环境、市政设施等可预测并优化的，还是对特定主体造成的利益损害，进而关注控规调整的利益协调过程。借助这一分析框架审视控规调整个案时，有助于洞悉本质，挖掘各类调整的特征及调整过程中蕴含的重要影响因素。

9.1.3　基于合约分析框架对深圳法定图则调整个案的讨论

9.1.3.1　法定图则未预期型调整

深圳法定图则未预期型调整个案数量并不多，仅占每年调整总数的 5%~15%。其主要特征包括以下四个方面。

（1）利益诉求主体多为原农村股份公司以及一些存在征地未返还、未落实收地补偿等遗留问题的企业。原农村股份公司经常采用向上级政府表达诉求的方式，以期引起规划主管部门的重视，这塑造了一种值得关注的动力传导机制。

（2）利益诉求属性多为个体利益+公共收益。这既有原农村股份公司或企业为提高调整申请获批概率的理性考虑，也符合规划主管部门在解决遗留问题与片区长远发展方面寻求稳定均衡的要求。

（3）最核心的遗留问题是土地问题，多涉及征地返还、征地补偿、拆迁安置等规划落实问题。有少数调整的遗留问题体现为原规划制定时预留了一定弹性，或是因发展前景不明朗并未明确规定容积率等硬性指标。

（4）多数调整服从于上位规划要求且造成的外部性影响较小，主要是技术上可预测和优化解决的问题，损害其他主体利益的情况较少。少数调整在嵌入性张力大或外部性影响大的情况下也获得了批准，原因在于遗留问题拖的时间比较久，利益诉求主体要求强烈，或是调整与城市发展宏观环境的契合度较高，对于片区发展有利。但当外部性影响非常大时，即使调整获批，也可能因阻力大而无法执行。

9.1.3.2　市场主体发展诉求型调整

深圳市场主体发展诉求型调整个案数量较多，占每年调整总数的 20%～35%。其主要特征包括以下五个方面。

（1）利益诉求主体多为民营企业、外资企业，原农村股份公司和国有企业较少。申请企业的主营业务多为高新技术、物流、房地产开发和加工制造等。企业通常采取直接提出调整申请的方式，而非借助上级政府向规划主管部门"施压"。

（2）利益诉求属性多为个体利益＋公共收益，也有部分为纯个体利益（非地产开发类）。如果企业主营业务与深圳市产业发展导向高度契合，或是被确定为国家、省市的重大产业项目，将有助于引起规划主管部门的重视，申请获批概率随之升高。

（3）申请主体的谈判地位将影响调整过程及结果。谈判地位较高企业的申请更受重视，其调整内容也通常能有效落实；谈判地位较低企业的申请虽然也可能通过，但往往会被打些"折扣"。不过，谈判地位作用的发挥与调整所处区位、土地权属情况和调整内容等要素密切相关，并非高谈判地位主体的任何调整申请都能通过，需要视情况具体分析。

（4）调整申请多集中在原特区外，原特区内则较少。这与2010 年后原特区外在基础设施建设、营商环境打造与优惠政策倾斜方面获得更多扶持，使其后发优势日益显现密切相关。

（5）大多数调整服从于上位规划要求，调整造成的外部性影响也主要是交通、市政设施等在技术上可以预测并优化解决的。与法定图则未预期型调整不同，面对市场主体发展诉求型调整申请，规划主管部门在企业利益和公众利益的权衡上，通常偏向于后者。

9.1.3.3 公共部门发展诉求型调整

深圳公共部门发展诉求型调整个案数量非常多，占每年调整总数的 55%～70%。可将此类个案细分为经济发展类和社会建设类。前者的常见情况包括对拟招拍挂出让土地的规划调整、结合新产业发展方向的规划调整和基于具体产业项目需要的规划调整；后者的常见情况包括保障性住房、配套设施（教育、医疗、养老等）建设和公共部门落实本职工作涉及的调整。总体来看，其主要特征包括以下五个方面。

（1）利益诉求主体多为市、区两级的职能部门，申请多是为了解决事关民生的配套设施改扩建问题。也有少部分申请的利益诉求主体是区级政府或街道，旨在通过规划调整，使片区发展适应新战略下的新要求，如培育新产业或推进某个项目的建设。

（2）利益诉求属性多为纯公共收益，配套设施建设和大多数保障性住房建设涉及的调整都属此类。也有些调整利益诉求属性为个体利益+公共收益，通常出现在经济发展类个案中，调整不仅旨在推进产业结构优化升级或落实重大建设项目，以通过经济增长、税收增加实现公共收益，而且存在市场主体的利益，使其获得经营利润。少数保障性住房建设类调整的利益诉求属性属于个体利益+公共收益，规划主管部门在保障中低收入群体住房需求的同时，也通过适当提高容积率的方式，增加房地产开发商的个体利益。

（3）从总量看，调整个案在原特区内和原特区外基本呈现均匀分布状态。不过由于深圳市在原特区外确定了多个产业发展基地和重大产业项目，因此经济发展类调整大多出现在原特区外；而社会建设类的调整则主要发生在原特区内，主要是因为这一区域的学校、医院等公共服务设施较多，人口集聚带来公共服务需求的增长，需要通过改扩建扩大规模，提升服务能力。

（4）多数调整与上位规划不存在张力，因为调整多为在维持原用地性质及功能的基础上适当提高容积率。不过某些经济发展类和极少数社会建设类的调整存在不符合上位规划要求的情况，但通常能在规划主管部门的积极配合下解决张力问题，使调整申请得以获批。

（5）大多数调整造成的外部性影响较小。这与公共部门调整的目标指向多为促进片区经济发展或民生改善密切相关。因此即使调整造成一定负面影响，只要能够妥善处理，利益受损方通常会理解和支持，使调整得以付诸实施。

9.1.4 法定图则调整中蕴含的重要影响因素

通过对深圳市法定图则未预期型、市场主体发展诉求型和公共部门发展诉求型调整的分析，可将法定图则调整中蕴含的重要影响因素概括为以下六个方面。

（1）利益诉求主体与谈判地位。总体来看，公共部门的谈判地位高于市场主体；大企业的谈判地位高于小企业；原农村股份公司的谈判地位较低，但在通过信访等方式引起上级领导关注后，其谈判地位将明显提升；具有更高行政级别或更多话语权的公共部门的谈判地位高于其他公共部门。

（2）调整的动力来源与动力传导机制。除了自下而上的传统动力传导机制外，值得注意的动力传导机制还包括：①通过信访等方式使上级政府或领导关注自身诉求，并由其向规划主管部门提出意见，促使规划主管部门对申请给予重视；②市场主体以市政府或市直部门对项目的肯定性意见为"背书"，增加调整申请砝码，提高与规划主管部门谈判的地位；③上级政府为推动重点工程或试点项目，直接要求规划主管部门调整规划，以保证项目顺利落地。

（3）嵌入性之有无张力与调整的交易成本。如果对法定图则的调整可以在上位规划允许的范围内完成，需付出的交易成本很低；但当调整与上位规划要求有张力，须对上位规划调整后再调整法定图则时，则需付出较高的交易成本。相对而言，土地利用总体规划（仅指"有条件建设区"的使用）和基本生态控制线调整的交易成本较低，可在规划主管部门的推动下实现；而城市总体规划调整的交易成本非常高，因此申请主体和规划主管部门通常不会触及城市总体规划的调整。由于交易成本的存在，在审批与上位规划存在张力的法定图则调整申请时，规划主管部门通常会对需要的交易成本和审批通过后的实施成本进行全面评估。

（4）嵌入性之契合程度与谈判地位。调整的目标指向与城市发展宏观环境的契合程度，将直接影响利益诉求主体的谈判地位。利益诉求主体经常强调的契合度理由包括：符合城市产业发展导向；有利于改善配套设施；有利于提升城市形象；有利于集约节约利用土地。从作用效果看，符合城市产业发展导向和有利于改善配套设施非常有助于提升谈判地位，且后者更易获得公众好感；有利于提升城市形象对提高谈判地位有一定作用，但要结合区位发展需要进行具体分析；有利于集约节约利用土地对提升谈判地位的作用并不显著，往往需要其他要素的配合。

（5）外部性影响对象与协调难度。最容易评估和解决的外部性是规划调整给周边交通、市政设施带来的需求增量和给环境带来的影响，加之不涉及明确的产权主体，所以协调难度较小。当规划调整对周边公共部门及企业利益造成影响时，协调难度将有所提升，但通常可以借助直接协商、损失补偿、规划主管部门斡旋等方式解决，难度并不太大。但当调整对周边公众利益造成影响时，协调难度将非常大，其意见表达方式可能比较激烈，并容易引起广泛的社会关注，使复杂的多边互动达成一致的难度大大提升。

（6）双边协商与多边协商的交易成本差异。双边协商是比较简单的一种情况，此时参与协商的只有两方，一方是利益诉求主体，另一方是规划主管部门。经双方协商所达成的方案，往往就会成为法定图则调整后对所涉及地块的规划。由于这两方间的协商遵循既定程序，沟通渠道相对畅通，因此双边协商的交易成本较低，不可控程度也较低。多边协商则较为复杂，除了利益诉求主体和规划主管部门，参与协商的主体可能还包括居于中立位置的其他公共部门、专家及上级政府，利益受到负面影响的主体，无利益关切但关注规划调整的其他主体。这种情况下的协商不仅要在利益诉求主体和规划主管部门之间进行，还可能存在多个主体间、不同形式的互动。如果在某个协商环节出现问题，就可能导致规划调整无法实现，需要重新协商和调整方案。因此，多边协商的交易成本很高，不可控程度也较高。

9.1.5　控规管理的政策建议

9.1.5.1　提升控规编制水平

（1）加强土地权属调查与规划管理的协调。应准确把握土地使用主体的开发意愿，并做好土地权属和建设情况的动态管理与信息更新工作，为控规编制、修编和局部调整提供决策依据。

（2）权衡好决策成本与实施成本的关系。编制阶段应通过充分互动和有效协调，降低控规合约的不完整性，减少控规管理阶段的被动调整；当交易成本过高时，应适当预留规划弹性，在实施阶段明确各方利益分配格局，加强利益协商机制和保障措施的制度建设。

（3）对不同片区实施差异化的规划指标控制方法。对于发展成熟片区，应明确规划指标要求；对于发展前景不明朗、面临转型升级的片区，应适当预留规划指标弹性；对于已经明确发展定位及目标导向的片区，应采取满足发展需要的控规指标校核方法；对于土地权属界定成本较高或多方利益关系较为复杂的片区，应注意协调好指标刚性与弹性的关系。

9.1.5.2 完善控规调整审批机制

（1）优化控规调整的启动规则。规划主管部门应优化控规调整启动规则，细化申请条件、申报材料、申请程序等方面的要求。可尝试将控规调整划分为依申请调整和依职权调整两大类，并制定详细的管理规则。

（2）构建有效的多边沟通协商机制。规划主管部门要积极构建与公众的常态化沟通协商渠道。当公众或其他利益受损方对控规调整存在异议时，应尽量降低规划调整的负面影响，并向相关方做出充分的解释说明。

9.1.5.3 制定差异化的控规调整审批标准

（1）法定图则未预期型调整需妥善处理好利益协调问题。城市政府应科学制定利益协调的参考标准，使规划调整有标准可循。针对外部性影响较大的调整申请，需加强与相关主体的沟通协商，做好信息公开。

（2）市场主体发展诉求型调整需与城市发展要求相契合。对于符合城市产业发展导向、属于重大建设项目的调整，应考虑所在片区的土地承载力情况；对于有利于提升所在片区整体形象、空间品质的调整，应考虑该片区的整体定位、公共服务设施配套情况；对于有利于集约节约利用土地的调整，需对所在片区的发展导向、功能定位、土地紧缺程度和承载力、未来发展潜力等因素进行综合评估。

（3）公共部门发展诉求型调整需协调好与上位规划的关系。

需强化对基本生态控制线内、有条件建设区内、限制建设区或禁止建设区内新增建设项目的审查，从源头上减少上位规划的调整；对于确需调整上位规划的，规划主管部门需会同其他部门制定环境、交通、市政设施等方面影响的评价标准及相应的规划控制指标参考标准。

9.2　研究创新点

9.2.1　将合约视角引入控规研究，为控规议题研究提供了"第三个思路"

参考借鉴合约理论精髓与合约方法基本特征，基于中观尺度的合约分析视角，提炼出控规的四点属性特征，构建了一套控规调整的合约分析框架。与当时学界常用的工程技术思路和公共政策思路相比，合约分析思路从"背景—策略选择—协商过程—结果"全过程出发，有助于深入挖掘控规调整中蕴含的核心要素。研究表明，基于合约分析视角对控规相关议题展开研究的思路，拥有较强的理论解释力和进一步讨论的空间。

9.2.2　运用控规调整的合约分析框架，对深圳市法定图则的各类型调整进行了深入考察

本书基于理论分析框架和长时间参与式观察获得的第一手资料，对法定图则调整个案进行了归纳和梳理，并指出法定图则未预期型、市场主体发展诉求型、公共部门发展诉求型调整的主要特征。通过对8个典型个案的深度剖析，提炼了法定图则调整中的核心影响因素。这项工作弥补了现有研究在案例分析深度上的不

足，明显深化了对深圳市法定图则调整内在规律的挖掘。

9.2.3 结合理论探讨和案例分析，指明了经济社会快速发展地区控规管理的改革路径

控规调整日益频繁与控规管理法治化的内在张力促使本书从"控规编制—审批机制—审批标准"入手，对"全面覆盖"背景下的控规管理提出了政策建议，具体包括提升控规编制水平、完善控规调整审批机制、制定差异化的控规调整审批标准三个方面。这与已有研究相对缺乏条理的政策建议相比，更具系统性和逻辑性，为规划主管部门的日常管理提供了全方位的决策参考。

9.3 研究展望

尽管本书基于合约分析思路构建了一个比较有效的控规调整分析框架，并通过深圳市法定图则调整的案例研究，得出了一些颇具理论价值和实践意义的结论，但是本书只是进行了初步探索，在以下三个方面仍需要进一步观察和研究。

9.3.1 控规合约与产权的关系有待深入探究

本书指出，控规是一项关于土地产权收益如何分配的协议，并注意到土地使用主体具有多样性、控规调整将造成外部性、多边协商的交易成本高于双边协商等特征。事实上，这些问题更深层的症结均可以归结为产权问题。从深圳市城市规划发展历程看，由于早期的土地掌握在政府手中，土地开发者也是政府，因此规划编制几乎不用付出缔约成本，只需付出技术成本即可，规划实施也很顺利，这为城市建设的高速推进奠定了基础。但随着城市

发展，土地使用主体日趋复杂，各主体开发意愿不尽相同，使得规划编制和实施需要付出的交易成本不断增加。在法定图则基本实现建设用地全覆盖的背景下，规划调整日益成为常态化现象。而规划管理演变的核心影响要素，就在于产权属性与结构发生了显著变动。这就延伸出了一系列问题：土地产权的明晰度与控规合约编制阶段的缔约成本、调整阶段的交易成本有何关系？能不能构建产权结构与控规合约关系的分析框架？控规调整造成的产权收益格局变动，能否通过制定有效的收益分配和补偿机制，保证公平性？可能提出的一个假设是：控规的完全性和完整性程度，是产权明晰度的函数。对这一假设的论证及上述问题的探讨非常重要，工作量较大，属于新的研究议题。这项议题有待在后续研究中深入讨论。

9.3.2 合约分析框架需要进一步完善

本书的分析框架将利益诉求属性划分为纯个体利益（非地产开发类）、纯个体利益（地产开发类）、个体利益+公共收益和纯公共收益四大类，但后两类的情况比较复杂，有待深入讨论。例如，在个体利益+公共收益的诉求中，两方面的分配比重是怎样的？在纯公共收益的诉求中，是否需要按照政府、公共事业单位、特殊部门等的属性及其目标指向，进行更细的分类？本书还将调整动因划分为法定图则未预期型、市场主体发展诉求型和公共部门发展诉求型三大类，但现实中的调整动因可能是遗留问题与发展诉求兼有，这就很难将其归类。本书之所以没有建构更细致的理论框架，是出于模型简洁的考虑。但这也提醒我们，控规调整的合约分析框架还有完善空间。此外，分析框架关于外部性与不完整性的关系仍待探讨：是否具有"不完整性"的合约就包含控规调整具有外部性的意涵？是否可以将"不完整性"的讨论从编制阶段的缔约成本分析，延伸到实施阶段各方之间的交易成本分析？这些问题很有意义，有待在后续研究中进一步讨论。

9.3.3　对调整未获批个案有待考察

本书选取的研究案例，均为已经获得规划主管部门批准的法定图则调整，且绝大多数规划调整已经付诸实施，只有极少数规划调整由于阻力较大暂时搁置。不过，本书没有对提出调整申请但未获得批准的个案进行讨论。主要原因是，笔者的资料获取能力和研究时间有限。事实上，对未获批调整申请的考察具有重要意义，有助于清晰地分辨规划主管部门对调整申请的判断标准，进而提炼"调"与"不调"的平衡点及其变动轨迹。通过对调整未获批个案中规划主管部门与利益诉求主体的协商过程进行分析，或许能提炼出本书未发现的影响因素。这有助于更加全面地观察和认识控规调整现象，为控规调整的合约分析提供更扎实的资料基础。

参考文献

一 中文文献

安东尼·唐斯，2010，《民主的经济理论》，姚洋、邢予青、赖平耀译，上海世纪出版集团。

巴泽尔，2007，《产权的经济分析》，费方域译，生活·读书·新知三联书店。

柏兰芝，2000，《反思规划专业在社会变革中的角色——跨学科的知识和实践》，《城市规划》第4期。

鲍世行，1989，《规划要发展 管理要强化——谈控制性详细规划》，《城市规划》第6期。

鲍梓婷、刘雨菡、周剑云，2015，《市场经济下控制性详细规划制度的适应性调整》，《规划师》第4期。

庇古，2009，《福利经济学》，何玉长、丁晓钦译，上海财经大学出版社。

布坎南，1989，《自由、市场与国家——80年代的政治经济学》，平新乔、莫扶民译，生活·读书·新知三联书店。

布坎南、塔洛克，2000，《同意的计算》，陈光金译，中国社会科
　　学出版社。

陈定荣、肖蓉，2006，《控制性详细规划成果建库探索》，《现代城
　　市研究》第 6 期。

陈凤平，2011，《"两型社会"建设背景下控制性详细规划指标体
　　系确定研究》，《中外建筑》第 1 期。

陈秋晓、吴霜，2013，《关于控规编制中效率与公平的良性互动——
　　探寻隐藏在不确定表象背后的空间秩序》，《城市问题》第 9 期。

陈思鸿，2009，《城乡规划法背景下的控制性详细规划编制实践思
　　考——以温州市瓯海区丽岙镇区控制性详细规划为例》，《华
　　中建筑》第 9 期。

陈晓东，2011，《新加坡规划体系改革对中国控规困境的启示》，
　　《转型与重构——2011 中国城市规划年会论文集》。

陈肖磊，2015，《控制性详细规划成果动态更新机制设计》，《江苏
　　城市规划》第 5 期。

陈真、王兆江，2008，《珠海市中心城区控制性详细规划数据库建
　　设》，《地理空间信息》第 4 期。

程明华，2009，《芝加哥区划法的实施历程及对我国法定规划的启
　　示》，《国际城市规划》第 3 期。

储征伟、陈昕，2008，《三维城市模型（3DCM）在控制性详细规
　　划编制中的应用研究》，《城市勘测》第 1 期。

邓琪，2003，《分区规划控制性详细规划的作用及效应——对〈控
　　规〉变动深层次原因的思考》，《北京规划建设》第 6 期。

邓昭华，2013，《控制性详细规划制度优化的国际经验借鉴》，《南
　　方建筑》第 2 期。

恩格斯，1956，《英国工人阶级状况》，中共中央编译局译，人民

出版社。

符平，2009，《"嵌入性"：两种取向及其分歧》，《社会学研究》第 5 期。

干靓，2015，《可持续发展区划：美国 32 个城市区划条例的评述与分析》，《城市规划学刊》第 1 期。

韩华，2006，《加强控制性详细规划指标体系的科学性研究》，《规划师》第 9 期。

韩政，2009，《控制性详细规划中土地开发强度控制探讨——以〈南宁市茅桥、东沟岭片区控制性详细规划〉为例》，《规划师》第 11 期。

何明俊，2013，《控制性详细规划行政"立法"的法理分析》，《城市规划》第 7 期。

何子张，2009，《控规与土地出让条件的"硬捆绑"与"软捆绑"——简评厦门土地"招拍挂"规划咨询》，《规划师》第 11 期。

侯丽，2005，《美国"新"区划政策的评介》，《城市规划学刊》第 3 期。

胡垚，2014，《新城市主义视角下的美国区划变革——形态条例的缘起及特征》，《规划师》第 11 期。

黄经南、杜碧川、王国恩，2014，《控制性详细规划灵活性策略研究——新加坡"白地"经验及启示》，《城市规划学刊》第 5 期。

黄明华、黄汝钦，2010，《控制性详细规划中商业性开发项目容积率"值域化"研究》，《规划师》第 10 期。

黄明华、王阳、步茵，2009，《由控规全覆盖引起的思考》，《城市规划学刊》第 6 期。

黄宁、熊花，2009，《〈城乡规划法〉实施背景下的武汉控制性详细规划编制方法探讨》，《规划师》第9期。

黄艳，1998，《美国的区划》，《北京规划建设》第5期。

黄永进、刘作才、何宝金，2011，《基于"一张图"平台控制性详细规划动态更新机制研究》，《江苏城市规划》第5期。

霍布斯，1985，《利维坦》，黎思复、黎廷弼译，商务印书馆。

霍布斯，2009，《利维坦》，黎思复、黎廷弼译，商务印书馆。

霍布斯，2004，《论公民》，应星、冯克利译，贵州人民出版社。

H. S. 赖斯，2013，《康德政治著作选》，金威译，中国政法大学出版社。

卡尔·波兰尼，2007，《大转型：我们时代的政治与经济起源》，冯钢、刘阳译，浙江人民出版社。

阚俊杰，2014，《特大城市控制性详细规划成果数据管理的总体框架——以上海市为例》，《上海城市规划》第2期。

康芒斯，2009，《制度经济学》，于树生译，商务印书馆。

肯尼斯·阿罗，2000，《社会选择：个性与多准则》，钱晓敏、孟岳良译，首都经济贸易大学出版社。

赖斯，2014，《康德政治著作选》，金威译，中国政法大学出版社。

李浩，2008，《控制性详细规划指标调整工作的问题与对策》，《城市规划》第2期。

李浩、孙旭东，2007，《控规局部调整辨析》，《重庆建筑大学学报》第1期。

李浩、孙旭东、陈燕秋，2007，《社会经济转型期控规指标调整改革探析》，《现代城市研究》第9期。

李德华，2001，《城市规划原理》（第三版），中国建筑工业出版社。

李建东、杨晓林、吕红医，2013，《多方博弈下的城中村改造利益均衡模式探讨——以郑州市冉屯村改造控制性详细规划为例》，

《规划师》第6期。

李江云，2003，《对北京中心区控规指标调整程序的一些思考》，《城市规划》第12期。

梁伟，2006，《控制性详细规划中建设环境宜居度控制研究——以北京中心城为例》，《城市规划》第5期。

林观众，2007，《公共管理视角下控制性详细规划的适应性思考——以温州市为例》，《规划师》第4期。

林坚、宋丽青、马晨越，2011，《旧城区轨道交通站点周边土地利用调控及动因——以北京市中心城储备用地的规划调整为例》，《城市规划》第8期。

林强、兰帆，2014，《"有限理性"与"完全理性"：香港与深圳的法定图则比较研究》，《规划师》第3期。

刘骏、蒲蔚然，2012，《基于经济可行性要求的居住用地容积率控制》，《城市规划》第11期。

刘世定，1999，《嵌入性与关系合同》，《社会学研究》第4期。

刘伟、田嘉、高跃文、吴丹艺，2013，《控制性详细规划调整规范化工作方法研究——以天津滨海新区胡家园地区为例》，《规划师》第6期。

卢梭，2003，《社会契约论》，何兆武译，商务印书馆。

栾峰，2008，《基于制度变迁的控制性详细规划技术性探讨》，《规划师》第6期。

罗镔，2014，《"建筑方案验证"方法在控制性详细规划中的应用研究》，《规划师》第S4期。

罗伯特·诺齐克，2008，《无政府、国家和乌托邦》，姚大志译，中国社会科学出版社。

罗尔斯，2009，《正义论》，何怀宏、何包钢、廖申白译，中国社会科学出版社。

洛克，1982，《政府论》，瞿菊农、叶启芳译，商务印书馆。

莱昂·瓦尔拉斯，1989，《纯粹经济学要义》，蔡受百译，商务印书馆。

迈克尔·莱斯诺夫，2010，《社会契约论》，刘训练、李丽红、张红梅译，江苏人民出版社。

孟德斯鸠，2007，《论法的精神》，申林译，三联书店上海分店。

庞磊、宋小东，2013，《实验演算型住宅区地块容积率指标校核方法探索》，《上海城市规划》第 4 期。

彭飞飞，1987，《美国的城市区划法》，《国外城市规划》第 2 期。

彭文高、任庆昌，2008，《不同类型地区控制指标体系确定的探讨》，《城市规划》第 7 期。

普芬道夫，2009，《人和公民的自然法义务》，鞠成伟译，商务印书馆。

邵润青、段进，2010，《理想、权益与约束——当前我国控制性详细规划改革反思》，《规划师》第 10 期。

邵昀泓、章建明、刘长岐、吴为、梅松，2011，《控规综合分析平台促进规划编制管理创新探讨——以杭州市为例》，《规划师》第 5 期。

斯宾诺莎，1963，《神学政治论》，温锡增译，商务印书馆。

宋金全、肖煜、边庆良，2013，《多元需求下的控制性详细规划编制辅助方法探索——以天津市静海新城控制性详细规划为例》，《城市》第 7 期。

宋军，1991，《对控制性详细规划的几点认识》，《城市规划》第 3 期。

宋丽青、林坚、马晨越，2014，《控制性详细规划调整中的利益相关者诉求研究——以北京市中心城轨道交通站点储备用地的规划调整为例》,《上海城市规划》第 2 期。

苏腾,2007,《"控规调整"的再认识——北京"控规调整"的解析和建议》,《北京规划建设》第 6 期。

孙峰、郑振兴,2013,《兼顾总量平衡与刚柔适度的容积率控制方法》,《规划师》第 6 期。

孙骅声、蔡建辉,1998,《美国纽约市区划决议（1993 年修订本）的几个特点》,《国外城市规划》第 4 期。

谭纵波,2008,《从中央集权走向地方分权——日本城市规划事权的演变与启示》,《国际城市规划》第 2 期。

唐历敏,2006,《走向有效的规划控制和引导之路》,《城市规划》第 1 期。

唐鹏,2010,《浅议控制性详细规划的局部调整》,《城市规划》第 7 期。

唐子来,1999,《英国的城市规划体系》,《城市规划》第 8 期。

田莉,2004,《美国区划的尴尬》,《城市规划汇刊》第 4 期。

田莉,2007,《我国控制性详细规划的困惑与出路——一个新制度经济学的产权分析视角》,《城市规划》第 1 期。

童纯跃,1991,《控制性详细规划刍议》,《新建筑》第 4 期。

汪坚强,2009,《迈向有效的整体性控制——转型期控制性详细规划制度改革探索》,《城市规划》第 10 期。

汪坚强,2014,《控制性详细规划运作中利益主体的博弈分析——兼论转型期控规制度建设的方向》,《城市发展研究》第 10 期。

汪坚强、郑善文,2015,《基于公共政策的控制性详细规划改革探索》,《现代城市研究》第 5 期。

王富海,2000,《从规划体系到规划制度——深圳城市规划历程剖析》，《城市规划》第 1 期。

王珺，2009，《纽约区划的发展研究及其对中国的借鉴》，《国土资源情报》第 8 期。

王晓东，2011，《政策视角下对控制性详细规划的几点认识》，《城市规划》第 12 期。

王郁，2006，《日本城市规划中的公众参与》，《人文地理》第 4 期。

韦飚、戴哲敏，2015，《比较视域下中英两国的公众参与城市规划活动——基于杭州和伦敦实践的分析和启示》，《城市规划》第 5 期。

韦东、程蓉，2009，《控制性详细规划编制的分层及其他架构性建议》，《城市规划》第 1 期。

韦亚平、朱敬、杨深，2010，《作为地方政治过程的美国区划及其技术体系——兼论新时期控制性详细规划的编制创新》，《规划师》第 10 期。

吴浩军、李怡婉，2010，《我国现行容积率调整程序的缺陷及优化设计》，《规划师》第 9 期。

吴晓，2014，《控规编制中的"三规合一"规划实践——以天河智慧城核心区控制性详细规划为例》，《规划师》第 S5 期。

吴晓莉，2006，《完善深圳法定图则的关键：法定化审批程序和规划技术标准体系——兼论香港与深圳法定图则的比较》，首届中国城市发展与规划国际年会会议论文，北京。

吴一飞、曹震宇、徐雷，2005，《美国城市设计法规保障体系的二元职能分析》，《规划师》第 9 期。

伍攀峰，2011，《上海控制性详细规划管理的信息化建设与应用》，《上海城市规划》第 6 期。

肖莹光、赵民，2006，《英国城市规划许可制度及其借鉴》，《国外城市规划》第 4 期。

熊健，2011，《控制性详细规划全过程管理的探索与实践——谈上
　　海控制性详细规划管理操作规程的制定》，《上海城市规划》
　　第 6 期。

徐会夫、王大博、吕晓明，2011，《新〈城乡规划法〉背景下控制
　　性详细规划编制模式探讨》，《规划师》第 1 期。

阳建强，1992，《美国区划技术的发展》（上），《城市规划》第
　　6 期。

阳建强，1993，《美国区划技术的发展》（下），《城市规划》第
　　1 期。

杨斌、刘峥嵘、单丹、刘世晖、赵朋，2010，《〈城乡规划法〉指
　　导下的控制性详细规划编制——以唐山市曹妃甸工业区控制
　　性详细规划（街区层面）为例》，《城市规划》第 3 期。

杨军，2006，《美国五个城市现行区划法规内容的比较研究》，《规
　　划师》第 9 期。

杨军，2012，《美国芝加哥市区划条例内容研究》，《北京规划建
　　设》第 2 期。

杨瑞龙、聂辉华，2006，《不完全契约理论：一个综述》，《经济研
　　究》第 2 期。

杨勇，2013，《南京"一张图"控制性详细规划更新体系的构建》，
　　《规划师》第 9 期。

叶绪镁，1990，《分区规划与控制性详细规划》，《城市规划》第
　　4 期。

衣霄翔，2013，《"控规调整"何去何从？——基于博弈分析的制
　　度建设探讨》，《城市规划》第 7 期。

殷成志，2004，《德国建造规划评析》，《城市问题》第 3 期。

殷成志、弗朗兹·佩世，2005，《德国建造规划的技术框架》，《城市规划》第 8 期。

殷成志、杨东峰，2007，《德国城市规划法定图则的历史渊源与发展形成》，《城市问题》第 4 期。

于一丁、胡跃平，2006，《控制性详细规划控制方法与指标体系研究》，《城市规划》第 5 期。

余颖，2010，《面向动态实施的控制性详细规划编制管理变革——以重庆市为例》，《规划师》第 10 期。

袁奇峰、扈媛，2010，《控制性详细规划：为何？何为？何去？》，《规划师》第 10 期。

约瑟夫·熊彼特，1996，《经济分析史》（第三卷），朱泱、易梦虹、李宏、陈国庆、杨敬年、陈锡龄译，商务印书馆。

恽爽，2006，《北京市控制性详细规划控制指标调整研究——建筑控制高度指标》，《城市规划》第 5 期。

张宏伟，1990，《美国"土地使用管理法"——区划法》，《国外城市规划》第 1 期。

张宏伟，2010，《美国地方政府对区划法的修改》，《城市规划学刊》第 4 期。

张践祚、李贵才、王超，2016，《尺度重构视角下行政区划演变的动力机制——以广东省为例》，《人文地理》第 2 期。

张京祥、罗震东，2013，《中国当代城乡规划思潮》，东南大学出版社。

张磊、王心邑、王紫辰，2013，《开发控制过程中公众参与制度转型与实证分析——以北京市中心城区控规调整为例》，《规划师》第 4 期。

张嵩、李长华、卢嘉，2015，《城市快速发展条件下对控规调整的思考》，《城市》第 4 期。

张五常，2000，《经济解释——张五常经济论文选》，商务印书馆。

章征涛、宋彦，2014，《美国区划演变经验及对我国控制性详细规划的启示》，《城市发展研究》第 9 期。

赵民、乐芸，2009，《论〈城乡规划法〉"控权"下的控制性详细规划——从"技术参考文件"到"法定羁束依据"的嬗变》，《城市规划》第 9 期。

赵守谅、陈婷婷，2006，《在经济分析的基础上编制控制性详细规划——从美国区划得到的启示》，《国外城市规划》第 1 期。

赵旸、张馨予，2013，《新用地分类与规划建设用地标准在控制性详细规划编制中的应用思考——以滨海新区为例》，《城市》第 1 期。

赵毅，2014，《控制性详细规划实施管理视角的"2231"核心环节探讨》，《规划师》第 8 期。

郑晓伟，2014，《从"绝对产权"到"相对产权"控制——一个基于交易费用理论的控制性详细规划实效性分析》，《现代城市研究》第 10 期。

郑心舟、杨平华，2013，《信赖利益保护原则在控制性详细规划调整中的适用思考》，《规划师》第 4 期。

周宏文，2010，《重庆市"规划管理一张图"的建设实践与展望》，《规划师》第 S2 期。

周剑云、戚冬瑾，2011，《控制性详细规划的法制化与制定的逻辑》，《城市规划》第 6 期。

周珂、吴斐琼，2007，《控制性详细规划编制审批中的公众利益保障》，2007 中国城市规划年会会议论文，哈尔滨。

周晟、邹斌、王汉洲、薛雪元、韩晓辉，2008，《控规编制管理信息系统的构建》，《江苏城市规划》第 3 期。

周轶男、华晨，2010，《内外、上下与刚柔——中日城市用地分类比较研究》，《国际城市规划》第 1 期。

朱一中、丁焕峰，2011，《关于我国控制性详细规划问题与改革的再思考——基于一个规划选址案例的分析》，《城市发展研究》第 11 期。

邹德慈，2002，《城市规划导论》，中国建筑工业出版社。

二　英文文献

Aghion, Philippe, and Patrick Bolton. 1992. "An Incomplete Contracts Approach to Financial Contracting." *The Review of Economic Studies* 59: 473-494.

Alchian, Armen A., and Harold Demsetz. 1972. "Production, Information Costs, and Economic Organization." *The American Economic Review* 62: 777-795.

Anderson, Shannon W., David Glenn, and Karen L. Sedatole. 2000. "Sourcing Parts of Complex Products: Evidence on Transactions Costs, High-Powered Incentives and Ex-Post Opportunism." *Accounting Organizations and Society* 25: 723-749.

Arrow, Kenneth J., and Gerard Debreu. 1954. "Existence of an Equilibrium for a Competitive Economy." *Econometrica* 22: 265-290.

Arrow, Kenneth J. 1996. "The Economics of Information: An Exposition." *Empirica* 23: 119-128.

Baker, George, Robert Gibbons, and Kevin J. Murphy. 2001. "Bringing the Market Inside the Firm." *American Economic Review* 91: 212-218.

Baker, George, Robert Gibbons, and Kevin J. Murphy. 2002. "Relational Contracts and the Theory of the Firm." *The Quarterly Journal of Economics* 117: 39-84.

Bernheim, Douglas B., and Michael D. Whinston. 1985. "Common Marketing Agency as a Device for Facilitating Collusion." *The Rand Journal of Economics* 16: 269-281.

Bernheim, Douglas B., and Michael D. Whinston. 1986. "Common Agency." *Econometrica* 54: 923-942.

Bolton, Patrick, and Michael D. Whinston. 1993. "Incomplete Contracts Vertical Integration, and Supply Assurance." *The Review of Economic Studies* 60: 121-148.

Cai, Hongbin. 2003. "A Theory of Joint Asset Ownership." *The Rand Journal of Economics* 34: 63-77.

Carmichael, Lorne H. 1983. "The Agent-Agents Problem: Payment by Relative Output." *Journal of Labor Economics* 1: 50-65.

Castells, Manuel. 2000. *End of Millennium, the Information Age: Economy, Society and Culture, Volume III*. Oxford: Wiley-Blackwell.

Cheung, Steven N. S. 1970. "The Structure of a Contract and the Theory of a Non-Exclusive Resources." *The Journal of Law and Economics* 13: 49-70.

Chiu, Stephen Y. 1998. "Noncooperative Bargaining, Hostages and Optimal Asset Ownership." *American Economic Review* 88: 882-901.

Coase, R. H. 1937. "The Nature of the Firm." *Economica* 4: 386-405.

Coase, R. H. 1960. "The Problem of Social Cost." *The Journal of Law and Economics* 3: 1-44.

Dwyer, Robert F., Paul H. Schurr, and Sejo Oh. 1987. "Developing

Buyer-Seller Relationships. " *Journal of Marketing* 51: 11-27.

Edgeworth, F. Y. 1881. *Mathematical Psychics.* London: C. Kegan Paul & Co.

Granovetter, Mark. 1985. "Economic Action and Social Structure: The Problem of Embeddedness. " *American Journal of Sociology* 91: 481-510.

Grossman, Sanford J. , and Oliver D. Hart. 1986. "The Costs and Benefits of Ownership: A Theory of Vertical and Lateral Integration. " *Journal of Political Economy* 94: 691-719.

Hall, Peter. 2002. *Urban and Regional Planning (fourth edition).* London: Routledge.

Hart, Oliver, and Jean Tirole. 1988. "Contract Renegotiation and Coasian Dynamics. " *The Review of Economic Studies* 55: 509-540.

Hart, Oliver, and John Moore. 1988. "Incomplete Contracts and Renegotiation. " *Econometrica* 56: 755-785.

Hart, Oliver, and John Moore. 1990. "Property Rights and the Nature of the Firm. " *Journal of Political Economy* 98: 1119-1158.

Hart, Oliver, and John Moore. 1998. "Cooperatives vs. Outside Ownership. " National Bureau of Econmic Research No. 6424. Accessed June 7, 2024.

Hart, Oliver, and John Moore. 1999. "Foundations of Imcomplete Contracts. " *The Review of Economic Studies* 66: 115-138.

Hart, Oliver, and John Moore. 2005. "On the Design of Hierarchies: Coordination versus Specialization. " *Journal of Political Economy* 113: 675-702.

Hart, Oliver, Andrei Shleifer, and Robert W. Vishny. 1997. "The Prop-

er Scope of Government: Theory and an Application to Pr isons."
The Quarterly Journal of Economics 112: 1127–1161.

Hart, Oliver. 1995. *Firm, Contract and Financial Structure.* London:
Oxford University Press.

Holmström, Bengt, and Paul Milgrom. 1991. "Multitask Principal-Agent
Analyses: Incentive Contracts, Asset Ownership, and Job De
sign." *Journal of Law, Economics and Organization* 7: 24–52.

Holmström, Bengt. 1979. "Moral Hazard and Obesrvability." *Bell Jour-
nal of Economics* 13: 324–340.

Howard, Ebenezer. 2009. *Tomorrow: A Peaceful Path to Real Reform.* Lo-
ndon: Routledge.

Jensen, Michael C., and William H. Meckling. 1976. "Theory of the
Firm: Managerial Behavior, Agency Costs and Ownership Struc-
ture." *Journal of Financial Economics* 3: 305–360.

Klein, Benjamin, Robert G. Crawford, and Armen A. Alchian. 1978.
"Vertical Integration, Appropiable Rents and the Competitive Con-
tracting Process." *Journal of Law and Economics* 21: 297–326.

Klein, Benjamin. 1980. "Transaction Cost Determinants of 'Unfair' Con-
tractual Arrangements." *American Economic Review* 2: 356–362.

Levin, Jonathan. 2003. "Realtional Incentive Contracts." *American Eco-
nomic Review* 3: 835–857.

Macaulay, Stewart. 1963. "Non-Contractual Relations in Business: A
Preliminary Study." *American Sociological Review* 1: 55–67.

Macneil, Ian R. 1974. "The Many Futures of Contracts." *Southern Cali-
fornia Law Review* 3: 691–816.

Macneil, Ian R. 1978. "Contracts: Adjustment of Long-Term Economic

Relations under Classical, Neoclassical, and Relational Contract Law. " *Northwestern University Law Review* 6: 854–905.

Macneil, Ian R. 1999. "Relational Contract Theory: Challenges and Queries. " *Northwestern University Law Review* 3: 877–907.

Meza, David De, and Ben Lockwood. 1998. "Does Asset Ownership Always Motivate Managers? Outside Options and the Property Rights Theory of the Firm. " *The Quarterly Journal of Economics* 113: 361–386.

Mosadeghi, R. , R. Tomlinson, H. Mirfenderesk, and J. Warnken. 2009. "Coastal Management Issue in Queensland and Application of the Multi-Criteria Decision Making Techniques. " *Journal of Coastal Research* 56: 1252–1256.

Mustakallio, Mikko, Erkko Autio, and Shaker A. Zahra. 2002. "Relational and Contractual Governance in Family Firms: Effects on Strategic Decision Making. " *Family Business Review* 3: 205–222.

Pistor, Katharina, and Chenggang Xu. 2002. "Incomplete Law—A Conceptual and Analytical Framework and Its Application to the Evolution of Financial Market Regualtion. " SSRN No. 310588. Accessed June 7, 2024.

Plambeck, Erica L. , and Terry A. Taylor. 2006. "Partnership in a Dynamic Production System with Unobservable Actions and Noncontractible Output. " *Management Science* 10: 1509–1527.

Polanyi, Karl. 1957. *The Economy as Instituted Process.* Boulder: Westview Press.

Ross, Stephen A. 1973. "The Economic Theory of Agency: The Principal's Problem. " *American Economic Review* 2: 134–139.

Simon, Herbert A. 1955. "A Behavioral Model of Rational Choice. " *Quartely Journal of Economic* 1: 99–118.

Spence, Michael, and Richard Zeckhauser. 1971. "Insurance, Information, and Individual Action. " *American Economic Review* 2: 380–387.

Stiglitz, Joseph E. 1974. "Incentives and Risk Sharing in Sharecropping. " *The Review of Economic Studies* 2: 219–255.

Stiglitz, Joseph E. 1975. "Incentives, Risk, and Information: Notes towards a Theory of Hierarchy. " *The Bell Journal of Economics* 2: 552–579.

Telser, Lester G. 1980. "A Theory of Self-Enforcing Agreements. " *The Journal of Business* 1: 27–44.

Tirole, Jean. 1986. "Procurement and Renegotiation. " *Journal of Political Economy* 2: 235–259.

Tirole, Jean. 1999. "Incomplete Contracts: Where Do We Stand. " *Econometrica* 4: 741–781.

Wang, Yongqin, and Ming Li. 2008. "Unraveling the Chinese Miracle: A Perspective of Interlinked Relational Contract. " *Journal of Chinese Political Science* 3: 269–285.

Williamson, Oliver E. 1979. "Transaction-Cost Economics: The Governance of Contractual Relations. " *Journal of Law and Economics* 2: 233–261.

Williamson, Oliver E. 1983. *Markets and Hierarchies: Analysis and Antitrust Implications.* New York: Free Press.

Williamson, Oliver E. 1985. *The Economic Institution of Capitalism.* New York: Free Press.

Williamson, Oliver E. 1996. *The Machanism of Governance.* New York:

Free Press.

Worthington, Andrew, and Brian Dollery. 2000a. "Measuring Efficiency in Local Governments' Planning and Regulatory Function." *Public Productivity and Management Review* 4: 469–485.

Worthington, Andrew, and Brian Dollery. 2000b. "An Empirical Survey of Frontier Efficiency Measurement Techniques in Local Government." *Local Government Studies* 2: 23–52.

Zaheer, Akbar, and Natarjan Venkatraman. 1994. "Determinants of Electronic Integration in the Insurance Industry: An Empirical Test." *Management Science* 5: 549–566.

Zhang, Chun, S. Tamer Cavusgil, and Anthony S. Roath. 2003. "Manufacturer Governance of Foreign Distributor Relationship: Do Relational Norms Enhance Competitiveness in the Export Market." *Journal of International Business* 34: 550–566.

图书在版编目（CIP）数据

基于合约视角的控制性详细规划调整研究 / 张践祚
著 . -- 北京：社会科学文献出版社，2025.6. -- （空
间规划的合约分析丛书 / 李贵才，刘世定主编）.
ISBN 978-7-5228-5324-6

Ⅰ. TU984.265.3

中国国家版本馆 CIP 数据核字第 2025N4D928 号

空间规划的合约分析丛书

基于合约视角的控制性详细规划调整研究

丛书主编 / 李贵才　刘世定
著　　者 / 张践祚

出　版　人 / 冀祥德
责任编辑 / 杨桂凤
文稿编辑 / 赵亚汝
责任印制 / 岳　阳

出　　　版 / 社会科学文献出版社·群学分社（010）59367002
　　　　　　地址：北京市北三环中路甲 29 号院华龙大厦　邮编：100029
　　　　　　网址：www.ssap.com.cn
发　　　行 / 社会科学文献出版社（010）59367028
印　　　装 / 唐山玺诚印务有限公司

规　　　格 / 开本：787mm×1092mm　1/16
　　　　　　印　张：11.5　字　数：138 千字
版　　　次 / 2025 年 6 月第 1 版　2025 年 6 月第 1 次印刷
书　　　号 / ISBN 978-7-5228-5324-6
定　　　价 / 98.00 元

读者服务电话：4008918866